U0255038

大数据与互联网理论与实践丛书

BIG DATA

大数据分析基础

数据降维方法研究

郑月锋 ◎ 著

THE BASIS OF BIG DATA ANALYSIS
Research on Data Dimensionality Reduction Methods

吉林师范大学学术著作出版基金、吉林省教育厅科学技术研究项目（JJKH20210456KJ）、吉师博（2019019）联合资助。

经济管理出版社
ECONOMY & MANAGEMENT PUBLISHING HOUSE

图书在版编目（CIP）数据

大数据分析基础：数据降维方法研究／郑月锋著. —北京：经济管理出版社，2021.4

ISBN 978-7-5096-7934-0

Ⅰ. ①大…　Ⅱ. ①郑…　Ⅲ. ①数据处理—研究　Ⅳ. ①TP274

中国版本图书馆 CIP 数据核字（2021）第 068229 号

组稿编辑：王光艳

责任编辑：王光艳

责任印制：黄章平

责任校对：王淑卿

出版发行：经济管理出版社

　　　　　（北京市海淀区北蜂窝 8 号中雅大厦 A 座 11 层　100038）

网　　　址：www. E-mp. com. cn

电　　　话：(010) 51915602

印　　　刷：唐山昊达印刷有限公司

经　　　销：新华书店

开　　　本：720mm×1000mm /16

印　　　张：9. 25

字　　　数：166 千字

版　　　次：2021 年 6 月第 1 版　　2021 年 6 月第 1 次印刷

书　　　号：ISBN 978-7-5096-7934-0

定　　　价：68. 00 元

前言

　　随着社会进步和科技的快速发展，人们生产生活的众多领域产生了大量纷繁冗杂的数据，尤其是在互联网和医疗等领域，我们把获得的数据称为大数据。为挖掘出大数据背后的价值，就需要对大数据进行分析。在分析之前，收集来的数据需要经过降维处理才能获得更准确的分析结果。因此，本书以包裹式和过滤式特征选择方法为基础，以混合式特征选择方法为研究内容，围绕候选特征子集的产生和最优特征子集的挑选展开以特征选择为代表的降维研究工作。

　　本书通过对现有降维方法的梳理，提出三个混合式特征选择算法，分别是最大斯皮尔曼最小协方差布谷鸟算法（MSMCCS）、K值最大相关最小相冗改进的灰狼优化算法（KMR^{2}IGWO）和最大皮尔森最大距离改进的鲸鱼优化算法（MPMDI-WOA）。实验结果表明，MSMCCS算法有很快的收敛速度并且分类准确率明显好于其他算法。KMR^{2}IGWO算法在14个数据集上降维的效果非常明显，降维效果达到原来的0.4%~0.04%。在大部分数据集上MPMDIWOA算法的分类准确率高于其他算法。因此，提出的三个算法在有较高分类准确率的前提下，取得了理想的降维效果，为进行大数据分析奠定了基础。

郑月锋

第 一 章

绪论

第一节　研究背景和意义

一、研究背景

随着科技的发展和社会的进步，近年来物联网和云计算等信息技术飞速发展，而且在生活生产中涌现出大量数据。这些数据蕴含着大量有价值的信息，通过研究这些信息可以对金融（郭兵等，2017）、医疗（刘文扬等，2015）、网购（崔一辉等，2017）、空间信息（陈为等，2016）等方面产生深远的影响，而数据的收集和整理是寻找这些重要信息的主要来源。由于技术和设备以及其他非人为的原因，收集到的数据存在大量的不相关和冗余的信息。不相关和冗余的信息给数据的存储、表示、分析处理等工作带来很多困难，甚至会导致无法准确获得数据背后有价值的信息。

技术的进步、设备的升级以及操作人员熟练程度的增强，提高了收集数据的准确性，但不能得到实质性的改善。以上改进的操作需要庞大的人力、物力、财力，这在现实生活中是非常有难度，甚至是不可能实现的，而且无论技术、设备、人员等方面是否改善，收集到的数据都会存在大量无用的信息。在数据分析出结果之前，不能确定信息中的哪些内容是无关的，因而在收集数据时，为使以后的数据分析和处理能够获得更准确的结果，数据要全面收集，不能忽略任何可能有价值的数据。

由于采集来的数据量大、冗余度高、浪费存储空间，对机器学习和数据挖掘等相关领域的大数据分析技术产生重大的挑战（Li et al.，2017，Bolon-Canedo et al.，2015），而特征选择作为数据分类问题中一个重要而基础的课题，常用的特征选择方法有包裹式、过滤式和混合式。本书重点研究混合式特征选择方法。由于研究对象包括数值型的结构数据和图像、声音与视频等非结构数据，本书的数据采用结构化数据。因此，本书将研究面向结构化的启发式混合特征选择方法。

二、研究意义

第一，技术意义。启发式混合特征选择方法由包裹式和过滤式特征选择方法组成。在研究启发式混合特征选择方法时，间接地研究和发展包裹式和过滤式特征选择方法。在研究包裹式方法时，直接研究启发式方法。因此，本书的研究是对启发式方法、包裹式方法、过滤式方法的深入综合研究，从而促进三种方法的进一步发展。

第二，现实意义。2017年7月我国在人工智能方面出台了新的规划——《新一代人工智能发展规划》。同年工业和信息化部又发布了《促进新一代人工智能产业发展三年行动计划（2018-2020年）》。而且在2018年的政府报告中提出了"加强新一代人工智能研发应用，在医疗、养老、教育、文化、体育等多领域推进"互联网+"。这些政策为人工智能的研究指明了方向。在人工智能研究中离不开对数据的分析和处理，本书研究的启发式混合特征选择方法就是对原始数据进行处理，达到消除冗余数据、提高分类准确率的效果，尤其是对高维数据的降维操作更是具有现实意义。

第三，实践意义。在现实生活中收集的数据包含大量无关的和冗余的信息，为拨开信息外在的面纱，对收集的数据进行分析和处理以便获得更准确的分析结果，需要把包含各种信息的数据处理成占用存储空间少、易于表示、能够准确分析的重要数据（刘艺等，2018）。在处理数据的过程中，离不开常用的降维技术——特征选择和特征提取，其中特征选择技术因不改变原始数据而被广泛应用。由于启发式算法在解决特征选择问题上的良好性能，其经常与特征选择方法结合使用。因此，启发式混合特征选择方法是数据降维技术中一个广泛应用的方法，为数据存储和数据分析奠定实践基础。

第二节　研究现状

一、国外研究现状

在数据处理过程中，收集的数据最明显的表现是数据维度变少，我们把这个处理过程称为降维，采用的方法称为降维技术。常用的降维技术有特征提取和特征选择（Armanfard et al.，2016；Wang et al.，2015；Lu et al.，2008）。特征提取是混合原始的特征产生一个新的特征子集。新的特征子集是由原始特征通过映射到新的空间形成的。原始特征在新的特征子集中用新的特征代替（Wang et al.，2015；Lu et al.，2008；Belkin et al.，2003）。与特征提取不同，特征选择是在数据集中找到新的特征集合，这个集合是由毫无变化的原始特征组成的（Armanfard et al.，2016）。为了提高分类的准确率，消除冗余和不相关的特征，保留原来特征的信息（Li et al.，2017），特征选择被用来寻找最优的特征子集。

基本的特征选择方法有包裹式方法和过滤式方法（Mundra et al.，2010）。

包裹式特征选择方法是利用给定的学习算法来评价候选特征子集，直接从数据集所有特征中选取最优的特征子集。该方法使用预测模型对特征子集进行评分，每个新子集用于训练模型，该模型在测试集上进行测试（Kohavi et al.，1997）。在包裹式特征选择方法中，离不开启发式算法。近年来，启发式算法因其在解决特征选择问题上的良好性能而受到广泛关注（Miguel García Torres et al.，2013）。常用的启发式算法有：蚁狮算法（Ant Lion Optimizer，ALO）（Mirjalili，2015）、蝙蝠算法（Bat Algorithm，BA）（Saji et al.，2016；Rodrigues et al.，2014）、细菌觅食优化算法（Bacterial Foraging Optimization，BFO）（Passino，2002）、布谷鸟算法（Cuckoo Search，CS）（Yang et al.，2009；Mohapatra et al.，2015）、遗传算法（Genetic Algorithm，GA）（Tsai et al.，2013）、粒子群优化算法（Particle Swarm Optimization，PSO）（Kennedy et al.，2011；Moradi et al.，2016）、模拟退火算法（Simulated Annealing，SA）（Kirkpatrick et al.，1983）和鲸鱼优化算法（Whale Optimization Algorithm，WOA）（Mirjalili et al.，2016）等。然而，由于从数据集所有特征中直接选择，需要形成多个子集并对其进行评价，包裹式方法需要更高

的计算成本以获得最优的分类准确率。

与包裹式方法相比，过滤式方法的时间复杂度较低，效率较高。过滤式方法是把数据集中的特征按照一定的规则排序，然后从排好序的特征中选择一些特征作为最优特征子集（Sebban et al.，2002；Freeman et al.，2015）。根据规则中变量的个数，过滤式特征选择方法分为单变量过滤算法（简称单变量）和多变量过滤算法（Sardana et al.，2015；Mohamed et al.，2017）（简称多变量）。单变量的衡量方法主要关注特征和标签间的相关性关系，忽略了特征与特征之间的依赖关系。使用单变量衡量方法的规则有：Relief 和它的变形 ReliefF（Yang et al.，2011）等。多变量的衡量方法在单变量衡量标准的基础上，增加了特征之间冗余性关系的衡量标准。多变量衡量方法采用的规则有：MRMC（Chernbumroong et al.，2015）、mRMR（Peng et al.，2005）等。由于多变量衡量方法考虑标签和变量之间的相关性和变量之间的冗余性，所以经常被应用到各种过滤式特征选择方法中。

在执行多变量过滤式方法的过程中，在综合考虑特征与标签之间的相关性和特征之间的冗余性时，通常会把两者汇总到一个公式里。在一些研究中（Chernbumroong et al.，2015；Peng et al.，2005），两者的作用是一样大的，没有用权重区分两者的不同作用。在多变量过滤式方法中，当已选特征子集里没有特征或者具有较少的特征时，特征与标签之间相关性对选择最优的特征子集所起的作用要大于特征之间的冗余性。此时，相关性的比重要大于冗余性的比重。当已选特征子集里选择一定数量的特征后，再次进行特征选择时，新特征与特征子集中已有特征之间的冗余性对选择最优的特征子集作用更大，此时冗余性的比重要大于相关性的比重。相关性的比重和冗余性的比重在过滤算法执行过程中是不同的，根据已选特征子集中的特征数量适当调整，才能获得具有最大相关性和最小相容性的特征子集。在本书第三章、第四章和第五章中提出的过滤算法都采用多变量衡量方法，而且有的算法用不同的参数来调整相关性和冗余性的比重，为获得最优的特征子集奠定基础。

随着人们对分类准确率的要求越来越高，只使用过滤式特征选择方法或包裹式特征选择方法进行探索和开发是不够的。因此，需要把两者结合起来形成混合式特征选择方法，寻找具有更高的分类准确率的特征子集。常见的混合特征选择方法有两阶段方法和嵌入式方法（Mafarja et al.，2017；Javidi et al.，2018）。在混合特征选择方法中，如果第一阶段是过滤式方法，并且第二阶段是包裹式方法，而且以过滤式方法对原始数据集筛选后的特征子集作为包裹式方法的数据集，这样的混合式特征选择方法称为两阶段式特征选择方法（Akadi et al.，2011；Alomari et al.，2017）。在包裹式特征选择方法中嵌入过滤式方法或其他启发式优化算法，过滤式方法为包裹式方法提供特征序列或有序的特征分值，包裹式方法以此序列或分值为基础搜索最优特征子集，以这种方式形成的混合式特征选择方法称为嵌入式方法（Mafarja et al.，2018；Unler et al.，2011）。在两阶段式特征选择方法中，过滤式方法进行探索搜索，启发式方法进行开发搜索；在嵌入式方法中，包裹式方法进行探索搜索，其他算法进行开发搜索。

Akadi 等（2011）提出一个两阶段的混合特征选择算法，过滤式特征选择方法采用多变量方式，由最大相关最小冗余（Maximum Relevance Minimum Redundancy，mRMR）算法实现，包裹式方法由 GA 和两个分类器（SVM 和 NB）来实现。包裹式方法在由 mRMR 提供的基因中发现了最优值。在两阶段混合式特征选择方法中，过滤式方法为包裹式方法只提供一个候选特征子集，在候选特征子集中没有出现的特征不能进入最终的特征子集。虽然过滤式方法采用了多变量的方式，考虑了相关性和冗余性，但是没有调节两者的比重，因此过滤算法提供的候选特征子集具有一定的局限性。

Alper Unler 等（2011）提出一种把 mRMR 过滤算法嵌入到 PSO 算法中的混合式特征选择算法。在 Mafar 等（2017）提出的嵌入式混合特征选择方法中，SA 算法嵌入到 WOA 算法中。WOA 算法在数据集中通过搜索定位到最有希望找到全局最优值的区域，然后 SA 算法在此区域上查找全局最优值。在嵌入式混合特征选择方法中，探索搜索和开发搜索是由不同的算法来实现的（Mistry et al.，2016），每次探索搜索之后直接进行开发搜索，并且探索的程度是不够的，因此在局部还没有找到最优值时，就进行又一次开发搜索，但开发搜索的意义不明显。为了使探索搜索和开发搜索协调工作，有必要在开发搜索之前进行多次探索搜索。

二、国内研究现状

国内的一些研究人员也在研究降维技术中的特征提取和特征选择（Zeng，2011；Luo，2018；Li，2011）。Lin 等（2008）基于模拟退化优化算法和支持向量机（SA-SVM）提出一个新的特征选择算法。Wang 等（2013）基于 GA 和 SVM 提出一个特征选择算法。Chen 等（2015）提出 CSMSVM 的包裹式特征选择方法并在六个数据集上取得很好的分类效果。Chen 等（2017）改进 BFO 优化算法提出一个包裹式特征选择算法。包裹式特征选择方法取得较高的分类准确率，但是在执行过程中消耗较长的时间。

为降低特征选择的时间复杂度，董红斌等（2016）提出了基于关联信息熵度量方法的过滤式特征选择方法。在国内有研究人员研究单变量和多变量的过滤式特征选择方法，如 Dai 等（2013）基于 Information Gain（IG）提出一个单变量过滤式特征选择算法，并应用于肿瘤分类问题上。张俐等（2018）基于条件互信息和交互信息，遵循最大最小原则提出双变量过滤式特征选择算法 JMMC。与包裹式特征选择方法相比，过滤式特征选择算法在时间复杂度方面具有优势。

为充分发挥包裹式方法和过滤式方法的优势，提高分类准确率，一些研究人员把两者结合在一起形成混合式特征选择方法，包括二阶段式和嵌入式（He，2018；Wan et al.，2018；Zhang et al.，2018）。Zhao 等（2019）提出一个嵌入式特征选择算法，在四个公共数据集上取得很好的分类准确率。Zhao 等（2015）提出了一个两阶段算法，过滤算法采用单变量方式中的 IG 方法从数据集中挑选候选特征子集，包裹算法是由二进制的粒子群优化算法（Binary Particle Swarm Optimization，BPSO）和支持向量机（Support Vector Machine，SVM）组成的算法，包裹算法在候选特征子集中搜索到全局最优值。在混合式特征选择方法中，过滤算法给包裹式方法提供的候选特征子集是有限的，需要过滤算法提供更多的候选特征子集，让包裹式方法能够搜索到更高的分类准确率。

三、本书要解决的问题

根据国内外研究人员在特征选择方面的研究，本书要解决混合式特征选择方法发展过程中的四个问题：

第一，在混合式特征选择方法中，有些被过滤算法过滤掉的特征在分类中仍然有重要作用。因此，需要把过滤掉的特征重新调整到候选特征子集中，提高分类准确率。

第二，微阵列数据集具有高维小样本的特点，用二阶段的混合式方法进行特征选择，多次执行过滤算法筛选的特征数量是不变的。因此，从高维数据中选择特征子集时，需要在多次执行算法时提供不同的特征数量，以便获得最优的特征子集。微阵列数据的高维特点限制了最优特征子集的挑选。

第三，对于二阶段的混合特征选择方法，过滤式方法给包裹式方法提供的候选特征子集只有一个，限制了包裹式方法的搜索空间和探索能力。因此，需要过滤式方法提供更多的候选特征子集，提高分类准确率。

第四，在多变量过滤式方法中，相关性和冗余性的比重是相同的。因此，需要用不同的参数动态调节两者的比重。

第三节　本书工作

本书针对面向结构化数据的启发式混合特征选择方法研究中的一些问题，主要针对上文提出的四个具体问题，有针对性地展开研究工作并提出三个混合式特征选择算法，具体体现在本书的第三章至第五章。其中，第三章主要解决四个具体问题中提到的第一个问题和第四个问题；第四章主要解决四个具体问题中提到的第二个问题；第五章主要解决四个具体问题中提到的第三个问题和第四个问题。

其一，针对过滤算法过滤掉的特征无法进入最终特征子集的问题以及在多变量过滤式方法中相关性和冗余性的比重是相同的问题，提出一种嵌入式特征选择算法，称为最大斯皮尔曼最小协方差布谷鸟算法（Maximum Spearman Minimum Covariance Cuckoo Search，MSMCCS）。在新算法中，过滤算法嵌入到包裹算法中。第一，基于斯皮尔曼（Spearman）和协方差（Covariance），提出一个名字叫最大斯皮尔曼最小协方差（Maximum Spearman Minimum Covariance，MSMC）的过滤算法。第二，在 MSMC 过滤算法中引入三个参数，用来调节相关性和冗余性的权重，起到提高特征子集相关性并降低相容性的作用。第三，在改进的 CS 算法中，位置更新公式修改后提高了算法的收敛速度，使用权重结合策略选出候选特征子集，使用交叉变异思想调整候选特征子集，最终使过滤掉的特征有机会进入最优的特征子集。

其二，针对微阵列数据的高维问题，提出一个并列式混合特征选择算法，称为 K 值最大相关最小相冗改进的灰狼优化算法（K Value Maximum Relevance Minimum Redundancy Improved Grey Wolf Optimizer，KMR^2IGWO）。第一，根据最大相关最小相容算法在数据集中选择 K 个最优的基因。第二，通过随机选择和不同比重特征数量两种方法对 K 个基因初始化。第三，通过调整适应度函数的参数和改进位置更新策略，选择具有最优分类准确率和最短长度的基因组合。此算法具有明显降低维数的效果，它适用于高维数据集。

其三，针对两阶段特征选择方法中过滤算法提供候选特征子集单一性的问题以及在多变量过滤式方法中相关性和冗余性比重是相同的问题，提出一个阈值调节的并列式混合特征选择的算法，称为最大皮尔森最大距离改进的鲸鱼优化算法（Maximum Pearson Maximum Distance Improved Whale Optimization Algorithm，MPMDIWOA）。第一，基于皮尔斯（Pearson）的相关系数和相关距离，提出一种名为最大皮尔森最大距离（Maximum Pearson Maximum Distance，MPMD）的过滤算法。在 MPMD 中引入两个参数调整相关性和冗余性的权重。第二，提出备二弃一法的初始化方法。第三，在鲸鱼优化算法中，使用投票法跳出局部最优。第四，提出最大值无变化次数（MVWC）和阈值的概念，通过阈值的调节，过滤算法为包裹算法提供多个候选特征子集，包裹算法在多个候选特征子集中找到最优分类准确率。

本书主要研究候选特征子集的产生和最优特征子集的挑选。在研究中提出三种混合式特征选择算法并实现两者的挑选。候选特征子集的挑选离不开多变量式过滤算法。在第一种算法中，候选特征子集是在 MSMC 过滤算法和莱维飞行结合后形成的。在另外两种算法中，候选特征子集完全是由多变量过滤算法实现的。

最优特征子集在候选特征子集的基础上挑选。在三种算法里，提供的候选特征子集都不是单一的。过滤算法被嵌入到包裹算法的 MSMCCS 算法中，在每次迭代中都提供候选特征子集。通过多次执行 KMR^2IGWO 算法，过滤算法提供多个不同长度的候选特征子集。在 MPMDIWOA 算法里，根据最大值无变化次数值和阈值的关系调用过滤算法并提供多个不同的候选特征子集。

候选特征子集是数据集的一部分，在挑选最优特征子集时，候选特征子集作为新的数据集。在新数据集的初始化方面，本书继承传统的初始化方法，并提出备二弃一法和不同比重特征数量的方法。

包裹式算法在新数据集的基础上搜索最优特征子集。三种算法都以包含分类准确率的适应度函数为衡量标准，寻找适应度函数最优值对应的特征子集。三种算法采用的搜索方法是不同的，但是都用启发式算法和支持向量机寻找最优特征子集。在 MSMCCS 算法中，根据 CS 算法中的概率关系，把适应度函数最优值对应的候选特征子集作为最优特征子集。在其他两种算法中，分别采用改进的GWO 算法和改进的 WOA 算法搜索最优的特征子集。通过三种算法展示从数据集到最优特征子集的变化过程如图 1-1 所示。

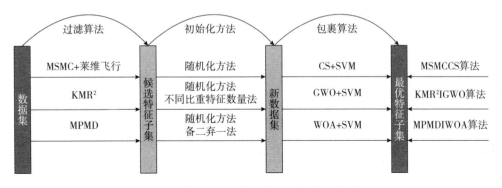

图1-1 从数据集到最优特征子集的变化过程

第四节 本书结构

本书总计六章,第一章为绪论,第二章阐述特征选择相关方法,第三章至第五章是本书研究的主要内容,第六章是总结与展望。

第一章阐述本书研究的背景意义现状以及本书的工作和结构。

第二章详细阐述特征选择的相关方法,包括特征选择算法的由来、分类、执行步骤,启发式算法的分类和适应度函数。

第三章提出一个嵌入式混合特征选择算法——MSMCCS 算法,实现候选特征子集的选择和调整工作,解决过滤掉的特征不能进入最终特征子集的问题。

第四章提出一个并列式混合特征选择算法——KMR²IGWO 算法,实现微阵列数据集特征数量至少减少到原来 0.4% 的效果,解决微阵列数据降维的问题。

第五章提出阈值调节的并列式混合特征选择算法——MPMDIWOA 算法,通过引入最大值无变化次数和阈值的概念,实现过滤算法提供多样性候选特征子集的效果,解决候选特征子集单一性问题。

第六章总结本书的主要工作和研究成果,并指出今后进一步研究方向。

本书的结构如图 1-2 所示。本书研究的内容是把过滤算法和包裹算法混合在一起形成新的混合特征选择方法,具体内容是第三章至第五章。每一章对应一个具体的混合式特征选择算法,分别是 MSMCCS 算法、KMR²IGWO 算法、MPMDI-

WOA 算法。在每个混合特征选择算法中都提出一个过滤算法，改进一个启发式算法形成包裹式算法。

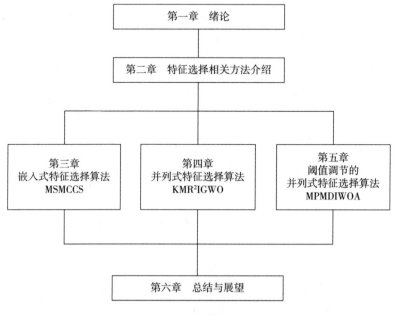

图 1-2　本书结构

在第三章的 MSMCCS 算法中，提出的过滤算法是 MSMC，改进的启发式算法是布谷鸟优化算法（CS）。把过滤算法（MSMC）嵌入到包裹算法中，形成嵌入式特征选择算法——MSMCCS。

在第四章的 KMR^2IGWO 算法中，过滤算法是 KMR^2，改进的启发式算法是灰狼优化算法（GWO）。先执行过滤算法（KMR^2）后执行包裹算法形成并列式特征选择算法——KMR^2IGWO。

在第五章的 MPMDIWOA 算法里，过滤算法是 MPMD，改进的启发式算法是鲸鱼优化算法（WOA）。在这个算法里，提出最大值无变化次数和阈值的概念，通过调节两者的大小关系，实现多次调用过滤算法而且每次过滤算法提供的候选特征子集都是不完全相同的。

第二章

特征选择相关方法介绍

本章从数据降维的作用和方法谈起，引入特征选择和特征提取的方法。重点介绍特征选择的方法和分类，然后介绍特征选择方法中用到的启发式算法和适应度函数。

第一节　数据降维技术

在现实生活中，数据是我们研究的内容，但是由于采集技术的问题或数据本身具有一些噪音，数据也具有一些冗余性。为提高分类准确率，降低计算复杂度，减少存储空间占用量，需要去除数据中不相关的内容，达到去除数据噪音的效果。降维技术是常用的去除数据中噪音的技术，根据去除噪音后的特征和数据集中原始特征的相似程度，降维技术分成特征提取和特征选择两种。

特征提取是把数据集中的特征通过映射到一个新空间，产生新特征，并形成新的特征子集。但是，在新的特征中不能看到原始不变的特征。特征提取技术常用于人脸识别的图像数据降维方法。最常用的特征提取技术有主成分分析法（Principle Component Analysis，PCA）（Turk et al.，1991）、线性判别式分析法（Linear Discriminant Analysis，LDA）（Belhumeur et al.，1997）、局部保持投影算法（Locality Preserving Projections，LPP）（He et al.，2015）等方法。随着人脸识别技术的快速发展和广泛应用，这些方法有了扩展和延伸：张量的主成分分析法（Multilinear Principal Component Analysis，MPCA）（Lu et al.，2008）、张量的线性判别式分析法（General Tensor Discriminant Analysis，GTDA）（Tao et al.，2007）、二阶判别张量子空间分析算法（Second‐Order Discriminant Tensor

Subspace Analysis，DTSA）（Wang et al.，2011）、使用颜色空间进行微表情识别算法（Tensor Independent Color Space，TICS）（Wang et al.，2015）等。

与特征提取方法不同，特征选择是在数据集上根据一定的策略选择一组特征集合，这组特征具有三个特点：第一，这组特征由毫无变化的原始特征组成；第二，这组特征的数量明显小于数据集中特征的数量；第三，用这组特征组成的数据进行分类时，分类的准确率较高。特征选择经常用在机器学习和数据挖掘及相关的众多领域。常用到的特征选择方法有包裹式方法、过滤式方法、嵌入式方法、混合式方法。

第二节　特征选择方法

众所周知，特征选择方法被分成四类：包裹式特征选择方法（Wrapper）、过滤式特征选择方法（Filter）、嵌入式特征选择方法（Embedded）、混合式特征选择方法（Hybrid）（Liu et al.，2018；Solorio-Fernandez Saul et al.，2016）。本书对特征选择的方法重新进行分类，保留包裹式特征选择方法和过滤式特征选择方法，把嵌入式方法并入混合式方法中。嵌入式特征选择方法是把过滤式方法嵌入到包裹式方法里，变成另一种特征选择方法。把过滤式方法和包裹式方法融合在一起，变成一种新的方法，称为混合式特征选择方法。嵌入式方法和混合式方法都是把包裹式方法和过滤式方法混合在一起形成新的方法。因此，混合式方法和嵌入式方法统称为混合式方法。本书主要研究把包裹式方法和过滤式方法混合在一起形成新的特征选择方法。在本书研究的过程中提出一些新的过滤算法，并把过滤算法以三种不同的方式与包裹方法结合在一起，应用到不同的数据集获得了很好的分类效果。

本书对特征选择方法的分类情况如图2-1所示。图2-1中把特征选择方法分成三类，分别是包裹式特征选择方法、过滤式特征选择方法和混合式特征选择方法。第一类，在特征选择时，用种群的位置更新选出候选特征子集，以适应度函数的最优值来获取最优特征子集及其分类准确率，以这种方式选出来的最优分类准确率称为包裹式特征选择方法（Mundra et al.，2010；Kohavi et al.，1997；Chen et al.，2015；Chen et al.，2017）。第二类，在特征选择时，对数据集中的特征按照某种策略排序，根据特征的排序情况形成候选特征子集，通过分类器找到分类准确率最优的特征子集，以这种方式选出来的最优分类准确率称为过滤式特征选择方法（Yang et al.，2011；Chernbumroong et al.，2015；Peng et al.，2005；Dai et al.，2013；Tao et al.，2018）。第三类，在特征选择时，既有种群位置更新的方法，又有特征按照某种策略排序的方法，最后应用分类器或适应度函数选出分类准确率最优的特征子集，以这种方式选出来的最优分类准确率称为混合式特征选择方法（García Vicente et al.，2015；Diao et al.，2015；Wan et al.，2016；Huang et al.，2012）。

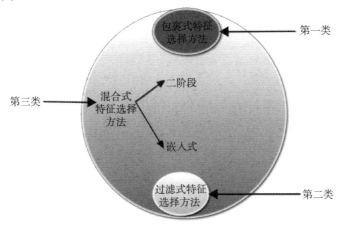

图 2-1　特征选择算法分类

在包裹式特征选择方法中，种群位置的更新策略使数据集中特征的组合方式广泛，更容易获得最优的分类准确率。因此，包裹式特征选择方法获得的最优分类准确率是比较理想的（Mundra et al.，2010；Kohavi et al.，1997；Chen et al.，2015；Chen et al.，2017）。包裹式特征选择方法从数据集中直接选择特征，种群的规模与数据集中的特征数量是密切相关的。数据集中的特征数量越多，包裹式方法的时间复杂度越大。当数据集中的特征数量特别多时（例如，微阵列数据集），包裹式特征选择方法就不再适合了。因此，包裹式特征选择方法具有分类准确率高和时间复杂度高的特点。

在过滤式特征选择方法中，候选特征子集选择的方式和数量都是根据某种策略形成的，与包裹式特征选择方法相比，它的时间复杂度是较低的（Yang et al.，2011；Chernbumroong et al.，2015；Peng et al.，2005；Dai et al.，2013）。根据某种策略对数据集中特征排序，可能使一些重要的特征没有进入最终的特征子集。过滤式特征选择方法筛选出来的最优分类准确率可能会比包裹式特征选择方法选出来的最优分类准确率要低一些。因此，过滤式特征选择方法具有计算效率较高的特点。

混合式特征选择方法是把包裹式特征选择方法和过滤式特征选择方法结合在一起。在时间复杂度方面，混合式要高于包裹式和过滤式；在分类准确率方面，包含了两者的最优值。

一、包裹式特征选择方法

包裹式特征选择方法是一种常用的特征选择方法，它的执行过程：第一步，读取数据集中的数据，然后设置实验参数，接着初始化种群并在众多适应度函数值中找到最优的特征子集和最优的分类准确率；第二步，在迭代过程中，通过某种策略更新种群位置的方法来计算新的适应度函数值，更新最优值的信息；第三步，满足迭代终止条件并退出迭代，输出最优分类准确率及对应的特征子集。图2-2 显示出包裹式特征选择方法流程。

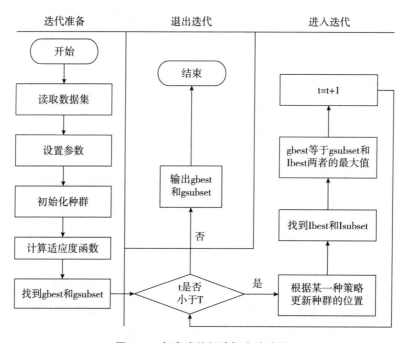

图 2-2　包裹式特征选择方法流程

从图 2-2 中可以看出，包裹式特征选择方法的执行过程分成三个部分：迭代准备、进入迭代和退出迭代。其中，在初始化种群后，求适应度函数的值和找最值在不同的算法中有不同的体现，有的算法放在第一部分（Rodrigues et al., 2013），有的算法放在第二部分（Chen et al., 2017）。总之，无论放在哪里都是对初始化后的种群求最值，并不影响求全局最优值。图 2-3 显示出分三个部分执行的包裹式特征选择方法。

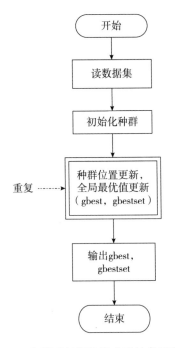

图 2-3 包裹式特征选择方法抽象示意图

从图 2-3 中可以看出，包裹式特征选择算法的关键步骤是种群位置和全局最优值的更新。位置更新策略是由启发式算法来实现的，全局最优值是由适应度函数计算实现的。

二、过滤式特征选择方法

过滤式特征选择方法的执行过程：第一步，读取数据集中的数据；第二步，把数据集中的特征按照一定的规则排序；第三步，根据某种策略从排序的特征中选出一组特征并用分类器计算其分类准确率；第四步，输出最优分类准确率及对应的特征子集（Wang et al.，2015；Sebban et al.，2002；Freeman et al.，2015）。图2-4显示出过滤式特征选择方法的执行过程。

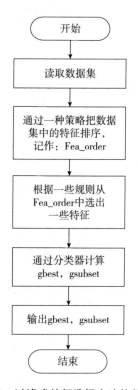

图2-4　过滤式特征选择方法执行过程

从上文可知，过滤式方法包括单变量和多变量两种。本书重点研究多变量过滤式特征选择方法。下面介绍著名的多变量过滤算法——最大相关最小冗余算法（mRMR）（Peng et al.，2005）。

mRMR算法，首先，计算数据集（用字母 X 表示）中每个特征和标签（用字母 C 表示）之间的互信息值，把最大的互信息值对应的特征放在一个集合中（用 S_m 表示）。然后根据最大相关最小冗余原则从剩下的特征集（用字母 W 表示）中逐一地选择特征放在 S_m 中，根据具体问题确定 S_m 中特征的数量。

$$X = \{x_1,\ x_2,\ x_3,\ \cdots,\ x_i,\ \cdots,\ x_n\} \tag{2-1}$$

式（2-1）中，x_i 表示一个列，$i=1,\ 2,\ \cdots,\ n$。n 表示一个数据集中特征的数量。

$$S_m = \{y_1,\ y_2,\ \cdots,\ y_m\}\ y_i \in X,\ i = 0,\ 1,\ 2,\ \cdots,\ m(m \leqslant n) \quad (2\text{-}2)$$

式（2-2）中，S_0是空的，$S_0 = \{\ \}$。当 $m=1$ 时，S_1 是只由 y_1 组成的集合，即，$S_1 = \{y_1\}$。当 $m=2$ 时，S_2 是由 y_1 和 y_2 组成的集合，即，$S_2 = \{y_1,\ y_2\}$。

$$W = \{X - S_m\} = \{z_1,\ z_2,\ \cdots,\ z_k\}z_k \in X \quad (2\text{-}3)$$

$k = 1,\ 2,\ \cdots,\ n\text{-}m$。当 $m=n$ 时，$W = \{\ \}$。

当 S_m 中特征数量大于 0 时，从 W 中再选择特征时，相关性用 Rl 表示。

$$Rl = \frac{1}{m}\Big[\sum I(y_i:\ C) + I(z_j:\ C)\Big] \quad (2\text{-}4)$$

式（2-4）中，$i = 1,\ 2,\ \cdots,\ m$；$j = 1,\ 2,\ \cdots,\ n\text{-}m$；$y_i \in S_m$；$z_j \in W$。$I\ (y_i,\ C)$ 和 $I\ (z_j,\ C)$ 表示一个特征和标签之间的互信息值。标签集合 $C = \{C_1,\ C_2,\ \cdots\}$，此处，$C_1$、$C_2$⋯表示标签。

当选择的特征具有最大的相关值（用 Rl 表示）时，这个特征在这些特征（S_m）之间可能具有很高的依赖性。因此，被选择特征集合的冗余性（用 Rd 表示）的定义如下：

$$Rd = \frac{1}{m^2}\sum I(y_i,\ z_j) \quad (2\text{-}5)$$

$i = 1,\ 2,\ \cdots,\ m$；$j = 1,\ 2,\ \cdots,\ n\text{-}m$；$y_i \in S_m$；$z_j \in W$。

式（2-5）中，$I\ (y_i,\ z_j)$ 是第 i 个和第 j 个特征之间的互信息值，衡量的是两个特征之间的相冗性。从 S_m 到 $S_{(m+1)}$ 的过程中，根据式（2-6）的最大值选出特征 z_j。

$$\text{Max}(Rl,\ Rd) = Rl - Rd \quad (2\text{-}6)$$

式（2-6）包含了两个关键信息：最大相关和最小相冗。

从 S_m 到 $S_{(m+1)}$ 的过程中，S_m 是不变的，所以 $\sum\limits_{y_i \in s_m} I(y_i:\ C)$ 是常量，可以省略。通过简化式（2-6），我们得到式（2-7）。

$$\text{Max}(Rl,\ Rd) = I(z_j:\ C) - \frac{1}{m}\sum\limits_{y_i \in S_m,\ z_j \in W} I(y_i:\ z_j) \quad (2\text{-}7)$$

在 mRMR 算法的执行过程中，相关性和冗余性都是用互信息来衡量的，相关性和冗余性的比重都是相同的。

三、混合式特征选择方法

在包裹式特征选择方法或过滤式特征选择方法中，选择的候选特征子集是不全面的，因此混合使用两种方法能够获得更高的分类准确率。最常见的混合式特征选择方法是两阶段特征选择方法和嵌入式特征选择方法（Mafarja et al.，2017；Javidi et al.，2018；Zhao et al.，2019）。第一阶段是过滤式特征选择方法，第二阶段是包裹式特征选择方法，该方法称为两阶段特征选择方法（简称两阶段方法）。如果把过滤式特征选择方法融入包裹式特征选择方法中就形成嵌入式特征选择方法（Tao et al.，2018）。

两阶段方法的流程如图 2-5 所示。图中左列第三、第四个的矩形框是过滤式方法的主要表现内容，右侧带有汉字的四个矩形框是包裹式方法的主要表现内容。从图 2-5 中可以看出，数据集中的数据经过滤式方法后，形成了一个比原始数据集规模小的新数据集。在这个新数据集的基础上，包裹式方法选用某种策略，经过种群位置不断更新的过程，找到了具有最优分类准确率的特征子集。从原始数据集到最优特征子集不是一步完成的，中间有一个新的数据集。因此，两阶段方法也可以称为二级降维方法。这种方法适用于高维度的数据集，首先把高维度的数据集经过第一级降维（过滤式方法），使数据集的维度达到包裹式方法能够直接处理的程度；其次进行第二级降维（包裹式方法），在第一级降维的基

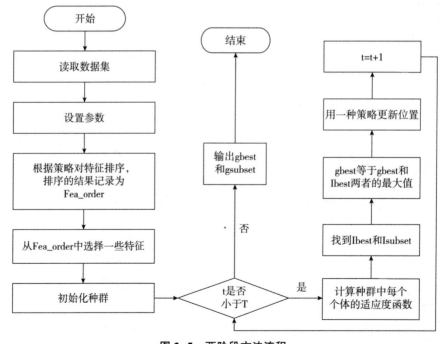

图 2-5　两阶段方法流程

础上找到具有最优分类准确率的特征子集（Javidi et al.，2018；Akadi et al.，2011；Zhao et al.，2015；García Vicente et al.，2015）。

　　两阶段方法抽象出来的混合模式如图2-6所示。这种混合方法的模型能够清晰地分辨出过滤式方法和包裹式方法。

图2-6　两阶段方法抽象示意图

　　混合式特征选择方法的另一种形式是嵌入式方法，这种方法没有固定或统一的执行过程（Mistry et al.，2016；Zhao et al.，2019；Liu et al.，2018）。但是，嵌入式方法可以抽象成如图2-7（或图2-8）所示。从图中可以看出，整个程序的主线是包裹式（或过滤式）特征选择方法，过滤式特征选择方法（或启发式算法）作为整个程序的一部分。当过滤式方法作为一部分时，过滤式方法通过单变量或多变量给每个特征打分，把特征的分值与位置更新后的信息结合为一个整体，继续执行包裹式方法（Unler et al.，2011）。当启发式算法作为一部分时，通过启发式算法选出一些重要的信息或参数作为过滤算法的一部分，过滤算法根据启发式算法提供的信息选出一些特征作为最优的特征子集（Liu et al.，2018）。

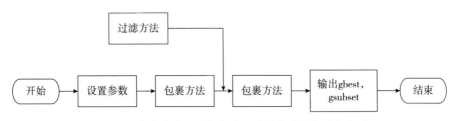

图2-7　过滤式嵌入到包裹式形成混合式特征选择方法

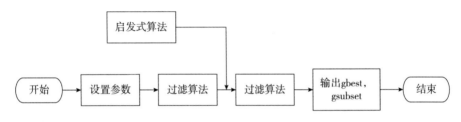

图2-8　启发式算法嵌入到过滤式形成混合式特征选择方法

本书主要研究的内容是混合式特征选择方法，在本书中提出嵌入式、并列式、阈值调节的并列式三种混合特征选择方法对应的具体算法，都包含新提出来的过滤算法和修改启发式优化算法的包裹式方法。

在嵌入式方法中，过滤式算法给每个特征打分的分值与包裹式算法中的位置更新策略结合起来形成候选特征子集，经过调整特征后，选出的特征子集具有最优分类准确率。在嵌入式方法中，过滤式算法的执行次数与包裹式算法执行的次数相同。

在并列式方法中，经过过滤算法动态降低原始数据集的维度形成新的数据集，包裹算法在这个数据集的基础上挑选出分类准确率最高并且降维效果最好的特征子集。在这个方法中，过滤算法只执行一次，包裹式方法执行的次数与程序的迭代次数相同。

在阈值调节的并列式方法中，先执行过滤算法再执行包裹算法，包裹算法是在过滤算法生成的新数据集的基础上执行的。但是，与并列式方法不同。过滤算法的执行次数是由最大值无变化次数（MVWC）与阈值的关系决定的。因此，在这个算法中，过滤算法执行的次数大于 1 次而小于迭代次数，包裹算法执行的次数与程序的迭代次数相同。

在这三个方法中，过滤式方法都是采用多变量的衡量方法，包裹式方法是基于启发式方法进行位置更新的，采用适应度函数来衡量分类准确率的优劣。接下来，本章将介绍启发式算法和适应度函数。

第三节　启发式算法

近年来，启发式算法因其在解决特征选择问题上的良好性能而受到广泛关注。启发式算法具有三个特点：第一，启发式算法的概念很简单，程序容易实现；第二，启发式算法能够跳出局部最优值；第三，启发式算法能够获得全局的最优值。因此，启发式算法在包裹式特征选择方法中起着重要作用（Diao et al., 2015）。

启发式算法是模仿自然界中的规律而形成的优化算法。根据模仿的内容可以把启发式算法分成三类：群智能优化方法（Swarm Intelligent, SI）、演化计算方法（Evlutionary Algorithms, EA）、基于物理特性的方法（Physics Algorithms, PA）。第一类（SI）是模仿自然界生物的生活习性产生的，代表性的算法是粒子群优化算法（Particle Swarm Optimization，PSO）。在 PSO 中，模拟鸟群捕食的行为。第二类（EA）借鉴自然界生物的进化思想，遗传算法（Genetic Algorithm，GA）是这类算法的典型代表。在 GA 中，每一代个体都是基于上一代个体的特点形成的。第三类（PA）模拟自然界的物理现象，模拟退火算法（Simulated Annealing，SA）是这类算法的典型代表。SA 算法是模拟固体经过加热后逐渐冷却的过程。

由于启发式算法的广泛应用，其与特征选择方法的结合产生很多新算法。蚁群优化算法（Ant Colony Optimization，ACO）与特征选择结合形成新的模型或算法，有可见度密度模型（Visibility Density Model，VMBACO）（Wan et al.，2016）、信息素密度模型（Pheromone Density Model，PMBACO）（Wan et al.，2016）、蚁群优化特征选择算法（Ant Colony Optimization Feature Selection，ACO）（Huang et al.，2012）、蚁群优化最小冗余最大相关准则（Ant Colony Optimization Minimum Redundancy Maximum Relevance Criterion，ACO-mRMR）（Kabir et al.，2012）和模糊自适应蚁群系统（Fuzzy Adaptive Ant Colony System，FAACS）（Wang et al.，2015）。这些算法在不同的数据集上获得较好的特征选择效果。

灰狼优化算法（Grey Wolf Optimization，GWO）与特征选择结合形成了新的算法。灰狼特征选择优化算法把连续型升级成离散型并应用在多目标问题上（Sahoo et al.，2017），部分遮光条件下基于灰狼优化技术的光伏系统 MPPT 设计的算法把灰狼算法应用在光伏系统的最大功率点跟踪上（Mohanty et al.，2016）。针对结构设计和绕线过程中的参数优化问题，Huang 等（2015）提出了一种新的基于教学学习的布谷鸟搜索混合算法（Teaching-Learning-Based Cuckoo Search，TLCS）（Huang et al.，2015）。鲸鱼优化算法（Whale Optimization Algorithm，WOA）和 SA 方法结合使用形成了新的混合特征选择算法（Mafarja et al.，2017）。

粒子群优化算法是为解决连续优化问题而产生的（Kennedy et al.，2011）。随着人们对 PSO 算法的深入研究，产生了离散型粒子群优化算法来解决特征选择、组合优化、分类等离散型问题（Banka et al.，2015；Clarc 2002；张震等，2018；李婕等，2018）。近年来，PSO 算法和其他算法的结合产生了一些新的算法（Ghamisi et al.，2015；Jain Indu et al.，2018；Rajamohana et al.，2018）。GA 算法因其执行速度快、效率高、易于实现等特点，在包裹式特征选择方法和混合式特征选择方法上有广泛的应用（Xue et al.，2018；Jadhav et al.，2018）。BA 算法是模拟蝙蝠夜间捕食的习性形成的群智能优化算法，在旅行商、特征选择等离散型问题方面都有新的算法产生（Saji et al.，2016；Seyedali Mirjalili et al.，2014；

Kaur et al., 2018)。BFO 算法和 SVM 分类器形成包裹式特征选择算法 (Chen et al., 2017)。多元宇宙优化算法 (Multi-Verse Optimizer, MVO) 在解决离散型问题上有新的算法 (Mirjalili et al., 2016; Mirjalili et al., 2017)。

接下来重点介绍三个 SI 启发式算法：采用莱维飞行策略的布谷鸟优化算法、采用等级和狩猎机制捕食的灰狼优化算法、采用泡泡网捕食策略的鲸鱼优化算法。

一、莱维飞行策略

在著名的布谷鸟算法中，一只布谷鸟通过莱维飞行找到一个新宿主的巢 (Yang et al., 2009; Yang et al., 2014)。荷兰数学家保罗·莱维提出了莱维飞行，它代表随机行走的模型，其特征是莱维飞行的步长服从幂律分布。一些学者已经证实，猎人狩猎的过程就是典型的莱维飞行情况。在许多科学领域里，对飞行的优化是可以接受的 (Yang et al., 2009; Yang et al., 2014)。

布谷鸟启发式优化算法是由 Yang 和 Suash Deb 在 2009 年提出来的，用它来解决多模态函数的问题。布谷鸟算法基于以下的理想规则 (Yang et al., 2009; Yang et al., 2014)：

(1) 布谷鸟每次产蛋时只能产一个，并且随机地选择一个鸟窝来孵化它。

(2) 在随机选择的一组鸟窝中，最好的鸟窝将会被保留到下一代。

(3) 可利用鸟窝的数量 (n) 是固定的，每个鸟窝的主人能够发现一个外来鸟蛋的概率 $Pa \in [0, 1]$。

对于第 i 个布谷鸟，通过莱维飞行产生一个新的路径 $X_i^{(t+1)}$，如式 (2-8) 所示。

$$X_i^{(t+1)} = X_i^{(t)} + \alpha \oplus Levy(\lambda) \quad (i = 1, 2, \cdots, 3) \qquad (2-8)$$

$$Levy(s, \lambda) = s^{-\lambda} \quad \lambda \in (1, 3) \qquad (2-9)$$

式 (2-8) 和式 (2-9) 中，s 是步长，$\alpha(\alpha > 0)$ 表示感兴趣问题的规模。运算符 $(\oplus)$ 为点对点乘法。$X_i(t)$ 表示第 i 个布谷鸟在第 t 次迭代的一个路径。$X_i(t+1)$ 表示第 i 个布谷鸟在第 $t+1$ 次迭代的一个新路径。步长通过式 (2-9) 遵循莱维飞行的分布。在迭代中，布谷鸟算法没有考虑到上一次迭代的结果对本次迭代的影响。

二、等级和狩猎机制

灰狼优化算法分成连续型和离散型。

1. 连续型灰狼优化算法

灰狼优化算法（GWO）是由 Mirjalili 等（2014）提出的一种新的启发算法，它模仿自然界中灰狼的社会等级和狩猎机制，并基于四个主要步骤：包围猎物、捕食猎物、攻击猎物和寻找猎物。四种类型的灰狼，如阿尔法（α）、贝塔（β）、伽马（δ）、欧密格（ω）是用于模拟领导层次结构。在数学模型中，设计了狼的社会等级。我们认为最优的解决方案为阿尔法（α）。因此，第二个和第三个最优解决方案分别命名为贝塔（β）和伽马（δ）。其余的候选解决方案被认为是欧密格（ω）。灰狼的等级制度如图 2-9 所示（Wong et al., 2014）。

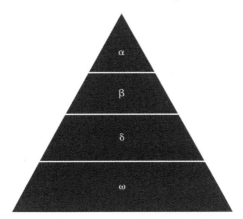

图 2-9　灰狼的等级制度

当狼群捕猎时，它们往往会包围猎物。下面的方程描述了环绕行为（Mirjalili et al., 2014; Wong et al., 2014）：

$$\vec{D} = |\vec{C} \times \vec{X}_p(t) - \vec{X}(t)| \tag{2-10}$$

$$\vec{X}(t+1) = \vec{X}_p(t) - \vec{A} \times \vec{D} \tag{2-11}$$

在式（2-10）和式（2-11）中，t 是当前迭代次数，$\vec{X}$ 表示灰狼的位置向量，$\vec{X}_p$ 表示猎物的位置向量。$\vec{A}$ 和 $\vec{C}$ 是由下面的公式计算出来的向量系数（Mirjalili et al., 2014)。

$$\vec{A} = 2 \times \vec{\alpha} \times \vec{r}_1 - \vec{\alpha} \qquad (2-12)$$

$$\vec{C} = 2 \times \vec{r}_2 \qquad (2-13)$$

式（2-12）和式（2-13）中，r_1 和 r_2 是 0 和 1 之间的随机向量。$\vec{\alpha}$ 在迭代过程中，将从 2 降低到 0。

到捕获猎物过程中的某个时刻，三个最好的解决方案被保存下来，然后其他的搜索代理（Omega，狼）根据当前的最优位置更新它们的位置。这些情况用下面的公式表示（Wong et al., 2014）。

$$\vec{D}_\alpha = |\vec{C}_1 \times \vec{X}_\alpha - \vec{X}|, \ \vec{D}_\beta = |\vec{C}_2 \times \vec{X}_\beta - \vec{X}|, \ \vec{D}_\delta = |\vec{C}_3 \times \vec{X}_\delta - \vec{X}| \quad (2-14)$$

$$\vec{X}_1 = \vec{X}_\alpha - \vec{A}_1 \times (\vec{X}_\alpha), \ \vec{X}_2 = \vec{X}_\beta - \vec{A}_2 \times (\vec{X}_\beta), \ \vec{X}_3 = \vec{X}_\delta - \vec{A}_3 \times (\vec{X}_\delta)$$

$$(2-15)$$

$$\vec{X}(t+1) = \frac{\vec{X}_1 + \vec{X}_2 + \vec{X}_3}{3} \qquad (2-16)$$

综上所述，GWO 的搜索过程开始于创建随机的灰狼种群，它们可以被称为解决方案的候选对象。在迭代过程中，狼（Alpha、Beta 和 Delta）的三位领导者估计了猎物的可能位置。为实现探索和开发过程，参数 $\vec{\alpha}$ 可以将值从 2 降低到 0。如果 $|\vec{A}| > 1$，候选的解决方案远离猎物；如果 $|\vec{A}| < 1$，候选的解决方案靠近猎物（Wong et al., 2014）。最后，以初始设定的准则终止了 GWO 算法。

2. 离散型灰狼算法

在连续型灰狼优化算法中，灰狼不断地改变它们的位置到空间中的任何一点。连续的 GWO 算法不适合解决基因选择等离散问题。Emary 等（2016）提出了一种新的解决基因选择的 GWO 算法的二进制版本。他们描述的两种方法分别是：bGWO1 和 bGWO2。

在 bGWO1 方法中主要的更新策略可以用式（2-17）来表示（Emary et al., 2016）。

$$X_d^{t+1} = \begin{cases} X_1^d & rand < \dfrac{1}{3} \\ X_2^d & \dfrac{1}{3} \le rand < \dfrac{2}{3} \\ X_3^d & otherwise \end{cases} \qquad (2-17)$$

式（2-17）中，$X_1{}^d$、$X_2{}^d$、$X_3{}^d$分别是阿尔法（α）、贝塔（β）、伽马（δ）在 d 维的参数。X_d 表示当前狼在 d 维的位置，rand 是一个均匀分布在［0，1］的随机数。因为 $X_1{}^d$、$X_2{}^d$、$X_3{}^d$ 公式是相似的，我们只给出了 $X_1{}^d$ 的公式（2-18）。

$$X_1{}^d = \begin{cases} 1 & (X_\alpha{}^d + bstep_\alpha{}^d) \geq 1 \\ 0 & otherwise \end{cases} \tag{2-18}$$

式（2-18）中，$X_\alpha{}^d$ 表示阿尔法（α）灰狼在 d 维的向量位置，$bstep_\alpha{}^d$ 是一个二进制的值，表示阿尔法（α）灰狼在 d 维的最好位置，它是由式（2-19）计算出来的。

$$bsetp_\alpha{}^d = \begin{cases} 1 & cstep_\alpha{}^d \geq rand \\ 0 & otherwise \end{cases} \tag{2-19}$$

式（2-19）中，rand 是一个均匀分布在 0 ~ 1 的随机数，$cstep_\alpha{}^d$ 是一个在 d 维的连续值，它是由 sigm 函数的式（2-20）来计算的。

$$cstep_\alpha{}^d = \frac{1}{1 + e^{-10 \times (A_1{}^d \times D_\alpha{}^d - 0.5)}} \tag{2-20}$$

式（2-20）中，$A_1{}^d$、$D_\alpha{}^d$ 通过式（2-12）和式（2-14）计算。

在 bGOW1 中，更新公式（2-17）变成公式（2-21），bGWO2 就产生了（Emary et al.，2016）。

$$X_d{}^{t+1} = \begin{cases} 1 & sigmoid(\dfrac{x_1{}^d + x_2{}^d + x_3{}^d}{3}) \geq rand \\ 0 & otherwise \end{cases} \tag{2-21}$$

式（2-21）中，rand 是一个随机数，$X_d{}^{t+1}$ 表示在 d 维第 $t+1$ 次迭代中更新的二进制位置，sigmoid（x）在公式（2-22）中定义（Emary et al.，2016）。

$$sigmoid(x) = \frac{1}{1 + e^{-10 \times (x - 0.5)}} \tag{2-22}$$

两种离散的 GWO 算法在计算和公式表达上比较复杂。它不利于其他研究人员的理解和使用。在本书第四章中，我们将修改离散的 GWO 算法，使算法更容易理解和计算。

三、泡泡网捕食策略

鲸鱼是地球上最大的动物，一只成年的鲸鱼能够达到 30 米长，180 吨重。在七种不同类型的鲸鱼中，座头鲸具有一种特殊的捕食方法——泡泡网（Bubble-net）（Mafarja et al., 2018），如图 2-10 所示。Mirjalili 和 Lewis 模仿座头鲸的捕食方法建立数学模型，在 2016 年提出新的连续型群智能优化算法——鲸鱼优化算法（Whale Optimization Algorithm，WOA）。WOA 算法模仿座头鲸捕食的过程分为两个阶段：第一阶段称为开发阶段（Exploitation phase），是螺旋泡泡网攻击方法的阶段；第二阶段称为探索阶段（Exploration phase），是随机搜索猎物的阶段。

在 WOA 算法中，我们假设鲸鱼的数量为 N，问题域的维度是 d 维，第 i 个鲸鱼在 t 次迭代时的位置表示为 $X_i(t) = (X_i^1, X_i^2, \cdots, X_i^d)$ $i = 1, 2, 3, \cdots, N$。$X^*(t)$ 表示在前 t 次迭代中寻找到的最优的位置。

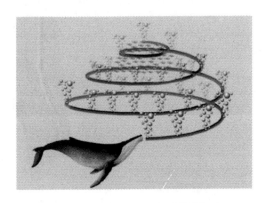

图 2-10　座头鲸的泡泡网捕食行为

第一阶段由缩小环绕机制（Shrinking Encircling Mechanism）和螺旋上升机制（Spiral Updating Position）两部分组成。缩小环绕机制中位置更新策略用公式（2-23）表达。

$$X(t + 1) = X^*(t) - A \times |C \times X^*(t) - X(t)| \qquad (2\text{-}23)$$

式（2-23）中，t 为当前迭代次数，$X(t+1)$ 表示更新后的位置，$X(t)$ 表示当前的位置，$|\ |$ 表示绝对值，$\cdot$ 表示元素之间的相乘，A 和 C 定义用公式（2-24）和公式（2-25）表达。

$$A = 2a \times r - a \qquad (2\text{-}24)$$

$$C = 2 \times r \qquad (2\text{-}25)$$

式（2-24）和式（2-25）中，r 是一个从 0 到 1 的随机数，a 称为收敛因子，随迭代次数的增加，a 的值从 2 到 0 线性减小，即

$$a_1 = 2 - 2 \times \frac{t}{T} \qquad (2\text{-}26)$$

$$a_2 = -1 - \frac{t}{T} \qquad (2\text{-}27)$$

式（2-26）和式（2-27）中，t 是当前迭代次数，T 是总的迭代次数。

第一阶段的另一个部分是螺旋上升机制，它的位置更新策略如下：

$$X(t+1) = D' \times e^{b \times l} \times \cos(2\pi l) + X(t) \qquad (2\text{-}28)$$

式（2-28）中，D' 表示当前的鲸鱼与最优值（猎物）之间的距离，$D' = |X^*(t) - X(t)|$，b 作为常数限定螺旋形状，b 的值为 1，l 是一个在 $[-1, 1]$ 的随机数，l 的值由公式（2-29）计算。

$$l = a_2 \times rand() + 1 \qquad (2\text{-}29)$$

在第一阶段中，缩小环绕机制和螺旋上升机制伴随着鲸鱼捕食过程一直存在，为模仿这个模型，两种机制存在的概率是相同的，都是 0.5。因此，第一阶段的数学模型用公式（2-30）表达。

$$X(t+1) = \begin{cases} X^*(t) - A \times |C \times X^*(t) - X(t)| & if(p < 0.5) \\ D' \times e^{b*l} \times \cos(2\pi l) + X(t) & if(p \geq 0.5) \end{cases} \qquad (2\text{-}30)$$

式（2-30）中，p 是一个在 $[0, 1]$ 的随机数。

在第二阶段中，随机搜索猎物的策略用公式（2-31）表达。

$$X(t+1) = X_{rand} - A \times D \qquad (2\text{-}31)$$

式（2-31）中，A 用公式（2-24）计算，D 用公式（2-32）计算。

$$D = |C \times X_{rand} - X| \qquad (2\text{-}32)$$

式（2-32）中，X 表示当前的位置，X_{rand} 表示随机挑选的位置，C 用公式（2-25）计算。

在 WOA 算法中，跳出局部最优是通过随机选择来实现的。在第五章中，我们将修改 WOA 算法跳出局部最优的策略，使算法更容易获得最优的特征子集。

第四节 适应度函数

在包裹式特征选择方法中，为找到最优的分类准确率，以搜索到的特征组合为基础数据，使用分类器获得的百分比为适应度函数值。因此，在本书中，分类器是必备的内容。下面介绍四种常用的分类器。

1. 支持向量机分类器（Surpport Vector Machine，SVM）

1995 年，Vapnik 提出支持向量机算法（Support Vector Machine，SVM）（Suykens et al.，1999）。SVM 能够完成线性和非线性的分类方法，在各种分类任务中表现出很好的效果。在本书中，我们使用 Matlab 版本的 LIBSVM（Hsu et al.，2002），用于处理二分类和多分类的数据。

使用 LIBSVM 有两个阶段。第一阶段是为数据集选择内核函数，第二阶段是用数据集训练内核函数。第一阶段是 LIBSVM 分类器的关键（Braga-Neto et al.，2004）。

在 LIBSVM 算法中有四种内核函数。

第一个是定义为公式（2-33）的线性核函数。

$$K(x_i, x_j) = x_i^T x_j \tag{2-33}$$

第二个是多项式核函数，定义为公式（2-34）。

$$K(x_i, x_j) = (\gamma x_i^T x_j + r)^d, \ \gamma > 0 \tag{2-34}$$

第三个是 RBF 内核函数，定义为公式（2-35）。

$$K(x_i, x_j) = \exp(-\gamma |x_i - x_j|^2), \ \gamma > 0 \tag{2-35}$$

第四个是 sigmoid 内核函数，定义为公式（2-36）。

$$K(x_i, x_j) = \tanh(\gamma x_i^T x_j + r) \tag{2-36}$$

在这里 r 和 d 是核参数。X_i 和 X_j 分别表示数据集中的两个特征。

2. K 值邻近算法分类器（k-Nearest Neighbor，KNN）

KNN 算法是根据最近的一个或几个样本的类别来确定需要分类样本的类别（Cha et al.，2002；Wang et al.，2013）。这里用 K 来表示选择最近样本的个数。为选出最终的类别，K 的值一定是一个奇数。如图 2-11 所示，当 $K=3$ 时，观察图 2-11 中最小的实线围成的圆圈。与中心点最近的 3 个样本中，有 2 个是三角形，1 个是正方形，从数量上看，2>1。因此中心点的类别是三角形。当 $K=5$ 时，观察图 2-11 中虚线围成的圆圈。得出结论中心点是正方形。当 $K=11$ 时，观察图 2-11 中实线围成的矩形，得出结论中心点是正方形。总之，中心点的类

别与 K 值的选择有关。

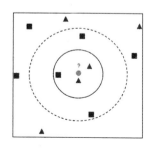

图 2-11　KNN 分类器

3. 朴素贝叶斯分类器（Naive Bayes，NB）

朴素贝叶斯分类器是借助于贝叶斯理论形成的一种分类器方法。它是一种简单的概率分类器，也是一种生成模型（Generative Model）分类器。

给定由 m 行 n 列组成的数据集，C 表示数据集中的标签，我们假设 C 有 2 个值，$C = \{c_1, c_2\}$，X 是数据集中所有属性的集合，$X = \{X_1, X_2, \cdots, X_n\}$。根据独立性假设，在给定 C 的情况下，属性 X_1，$\cdots$，X_n 都是有条件地相互独立。条件概率 $P(X \mid C)$ 的计算复杂度从 $2 \times (2^n - 1)$ 减少到 $2n$（Soria et al.，2011）。

为了计算概率 $P(C \mid X)$，通过训练数据可获得 P（X | C）和 P（C）的估计值。使用贝叶斯定理得到（Soria et al.，2011）：

$$P(C \mid X) = \frac{P(C) \times P(X \mid C)}{P(X)} \tag{2-37}$$

因为假设数据集中的属性具有独立性，而且事件是属性值的结合。因此预测最可能的类时可以写成如下等式（Soria et al.，2011）：

$$P(X \mid C) = \prod_i P(X_i \mid C) \tag{2-38}$$

由于其简单性，朴素贝叶斯分类器被广泛用于数据挖掘应用的流行分类器。

4. 随机森林分类器（Random Forest，RF）

随机森林是由 Breiman（2001）提出来的分类算法。随机森林分类器是以 bagging 为基础，采用随机采样和随机生成节点分裂候选的两个随机性，构建决策树的集合，根据投票原理，形成样本的最终分类标签（Zhou et al.，2016）。本书中，在适应度函数的计算过程中，用到 RF 分类器，为达到 RF 的随机特性，在设置参数时，选择的 m 值远小于数据总量。RF 因其良好的稳定性和通用性而具有广泛的应用（Zhang et al.，2016）。

本章小结

本章从降维方法开始，介绍了降维技术包含的特征选择方法和特征提取方法。以特征选择方法为主要研究对象，把它分成包裹式、过滤式、混合式三种特征选择方法，并详细阐述了三种特征选择方法的定义、执行过程、抽象示意图。然后介绍与包裹式方法密切相关的启发式算法以及计算适应度函数用到的四个分类器。

本章着重介绍的布谷鸟优化算法、灰狼优化算法、鲸鱼优化算法分别是第三章至第五章的包裹式算法采用的启发式算法。在这三章中分别对三个启发式算法的策略进行了改进。适应度函数在第三章至第五章实验中作为搜索最优值的重要衡量标准。

第 三 章

嵌入式特征选择算法

由于过滤方法是按照某种特定规则筛选出一些特征，所以可能会遗漏一些对分类结果起重要作用的特征。因此，为提高分类准确率，使过滤掉的重要特征有机会入选最优的特征子集，本章提出一种混合式特征选择算法——最大斯皮尔曼最小协方差布谷鸟算法（Maximum Spearman Minimum Covariance Cuckoo Search，MSMCCS）。在新算法中，提出来的过滤算法嵌入到包裹算法中，主要创新性如下：

第一，为筛选出分类准确率高的特征，提出最大斯皮尔曼最小协方差的过滤算法（Maximum Spearman Minimum Covariance，MSMC）。其中，斯皮尔曼用来衡量特征和标签之间的相关性，协方差用来衡量特征之间的冗余性。

第二，为提高整体的相关性并降低整体的冗余性，在 MSMC 中引入三个参数（spc、ac 和 dc），达到了动态改变过滤算法中两种衡量标准不同权重值的效果。

第三，作为筛选结果，过滤算法（MSMC）为每个特征计算出 score 值。

第四，在离散型布谷鸟算法（Discrete Cuckoo Search，DCS）中，每个特征的 score 值和 weight 值相乘的结果作为 grade 值，根据 grade 值形成候选特征子集。

第五，在 DCS 中，根据发现概率和整体概率的关系，使用交叉变异的思想，调整候选特征子集。候选特征子集中的某些特征被移除，而且没有选中的一些重要特征进入候选特征子集。

我们找到了具有最优分类准确率的特征子集，验证了 MSMCCS 算法，实现降维和提高分类准确率的效果。实验结果证实 MSMCCS 算法在八个数据集上的分类准确率均高于其他算法。

第一节　MSMCCS 算法

一、MSMC 过滤算法

1. 最大斯皮尔曼（Maximum Spearman，MS）

Spearman 秩相关系数经常被称为非参数相关系数，用来度量两个向量之间联系的强弱。Spearman 秩相关系数具有很高的稳定性和无监督的特点。因此，本章的过滤算法中采用了 Spearman 的相关系数来衡量特征和标签之间的相关性。

给出两个向量 $X(x_1, x_2, x_3, \cdots, x_n)$ 和 $Y(y_1, y_2, y_3, \cdots, y_n)$，把 X 和 Y 向量内部的数值按照降序分别排序，记录排序后原来位置的次序。向量 X 排序后原来位置的次序保存在向量 $X'(x_1', x_2', x_3', \cdots, x_n')$ 中，向量 Y 排序后原来位置的次序保存在向量 $Y'(y_1', y_2', y_3', \cdots, y_n')$ 中，向量 X 和向量 Y 的相关度用 SP 表示。其计算方法如公式（3-1）和公式（3-2）所示。

$$SP(\vec{X}, \vec{Y}) = 1 - \frac{6\sum_{i=1}^{n} d_i^2}{n^3 - n} \tag{3-1}$$

$$d_i = x_i' - y_i' (i = 1, 2, 3, \ldots n) \tag{3-2}$$

例如：向量 $X(175, 153, 216, 181, 167)$ 和向量 $Y(182, 165, 193, 168, 184)$ 分别按照降序排列后，原来位置的次序形成了向量 $X'(3, 4, 1, 5, 2)$ 和向量 $Y'(3, 5, 1, 4, 2)$，如表 3-1 和表 3-2 所示。用公式（3-1）和公式（3-2）求得 SP = 0.9，两个向量的相关度非常高，如表 3-3 和图 3-1 所示。

表 3-1　向量 X 中数据排序

序号	X	转变	降序排列	X'
1	175		216	3
2	153	Descending Order →	181	4
3	216		175	1
4	181		167	5
5	167		153	2

表 3-2　向量 Y 中数据排序

序号	Y	转变	降序排列	Y'
1	182		194	3
2	165	Descending	184	5
3	193	Order	182	1
4	168	→	168	4
5	184		165	2

表 3-3　向量 X' 和 Y' 的顺序

序号	X'	Y'	d_i	d_i^2
1	3	3	0	0
2	4	5	1	1
3	1	1	0	0
4	5	4	1	1
5	2	2	0	0
Sum（d_i^2）　i=1，2，3，4，5				2

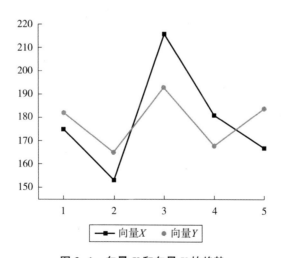

图 3-1　向量 X 和向量 Y 的趋势

在一个向量中有的数值重复出现，这些相同值的次序是相同的。在计算数值相同的次序时，取这些次序的平均值（见表3-4）。

表3-4 向量中有相同值时秩次

序号	变量 x_i	从大到小排列时的位置	秩次 x'_i
1	60.58	5	5
2	57.08	1	1
3	57.08	2	(2+3) /2=2.5
4	51.58	3	(2+3) /2=2.5
5	80.25	4	4

在公式（3-1）中，把两个向量分别换成数据集中的特征和标签，就是衡量特征和标签之间的相关性。在众多特征中挑选出一个特征，这个特征对应的SP值是最大的。用公式（3-3）来计算。

$$maxMS(F_i, C) = spc \times |SP(F_i, C)| = r_1 \times \left| 1 - \frac{6 \sum\limits_{i=1}^{n} d_i^2}{n^3 - n} \right| \quad (3-3)$$

$$spc = e^{(\frac{t}{T} + \frac{i}{N}) \times (1 - \frac{k}{K})} \quad (3-4)$$

式（3-3）中，F_i 表示第 i 个特征，C 表示标签列，spc 表示系数，用来调整最大相关度的权重。在公式（3-4）中，t 表示当前迭代次数，T 表示总的迭代次数，i 代表当前特征子集编号，N 表示特征子集总个数，k 表示当前已经选出的特征子集中特征个数，K 表示数据集中特征数量。

通过上文的研究，可以获得相关性降序排列的 m 个特征，但是许多研究表明 "m 个最好的特征不是最好的 m 个特征"（Peng et al., 2005）。一些研究者已经提出在特征选择时减少冗余的特征。因此，一个基于协方差寻找最小冗余性的方法被提出来。

2. 最小协方差（Minimum Covariance，MC）

我们用 Spearman 秩相关系数衡量最大相关性，用协方差衡量最小冗余性（Turhal et al., 2015；Katrutsa et al., 2015；Berrendero et al., 2016）。基于两个向量间的协方差计算方法，提出平均协方差和分布协方差的计算方法，提出最小协方差的衡量方法。有两个集合 L 和 S，$L = \{l_1, l_2, l_3, \cdots, l_m\}$，$S = \{s_1, s_2, s_3, \cdots, s_n\}$。集合 L 表示备选特征子集，其中有 m 个特征。集合 S 表示已选特征子集，其中有 n 个特征。在计算两个向量的协方差时，我们定义公式（3-5）如下：

$$\text{cov}(x, y) = \left| \frac{\sum_{i=1}^{num}(x_i - \bar{x}) \times (y_i - \bar{y})}{num - 1} \right| \qquad (3-5)$$

式中，$\text{cov}(x, y)$ 表示向量 x 和向量 y 的协方差值，每个向量有 num 个观测值，x_i 表示向量 x 的第 i 个观测值，y_i 表示向量 y 的第 i 个观测值，$\bar{x}$ 和 $\bar{y}$ 分别表示向量 x 和向量 y 所有观测值的均值。把向量换成特征，$\text{cov}(x, y)$ 变成了 $\text{cov}(l_j, s_i)$，$\text{cov}(l_j, s_i)$ 表示备选特征子集的第 j 个特征与已选特征子集中第 i 个特征的协方差值，其中 $l_j \in L$，$s_i \in S$，$j = 1, 2, 3, \cdots, m$，$i = 1, 2, 3, \cdots, n$。根据两个特征之间的协方差值，计算备选特征集合（L）中一个特征与已选特征集合（S）的平均协方差值，如公式（3-6）所示。

$$averagecov(l_j, S) = \frac{\sum_{i=1}^{d} \text{cov}(l_j, s_i)}{d} \qquad (3-6)$$

式中，l_j 表示备选特征子集中的第 j 个特征，S 表示已经选择的特征组成的特征子集，s_i 表示 S 中的第 i 个特征，S 中有 d 个特征。$\text{cov}(l_j, s_i)$ 是由公式（3-5）计算出来。

从备选特征集合（L）中选择一个特征时，假设已选特征集合（S）中有三个特征，分别记为 s_1、s_2、s_3。L 集合中有多个特征，其中有两个特征分别记为 l_1、l_2。S 集合中所有特征与 l_1、l_2 的平均协方差值如表 3-5 所示。

表 3-5　l_1 和 l_2 与 S 的平均协方差值

已选特征 ＼ 备选特征	l_1	l_2
s_1	$\text{cov}(l_1, s_1) = 0$	$\text{cov}(l_2, s_1) = 0.1$
s_2	$\text{cov}(l_1, s_2) = 0$	$\text{cov}(l_2, s_2) = 0.2$
s_3	$\text{cov}(l_1, s_3) = 0.54$	$\text{cov}(l_2, s_3) = 0.3$
$averagecov(l_j, S)$	$averagecov(l_1, S) = 0.18$	$averagecov(l_2, S) = 0.2$

在表 3-5 中的数据表明，从平均协方差角度考虑，$averagecov(l_1, S) =$

0.18，$averagecov(l_2, S) = 0.2$，因为 0.18<0.2，我们选择 l_1 特征，l_1 和 s_1、s_2 的协方差很小，l_1 和 s_3 的协方差很大，选择 l_1 会使整体的协方差增大。虽然特征 l_2 与 S 集合的协方差均值比 l_1 与 S 集合的协方差均值大，但是 l_2 与 S 集合中每个特征的协方差值差距很小，即 l_2 与 s_1、s_2、s_3 的相关度都不高，此时应该选择特征 l_2。因此在本章中，提出了协方差分布情况的概念，如公式（3-7）所示。

$$distributecov(l_j, S) = \frac{\sum_{i=1}^{d}(\,|\,\mathrm{cov}(l_j, s_i) - averagecov(l_j, S)\,|\,)}{d} \tag{3-7}$$

式（3-7）中，l_j 表示备选特征子集中的第 j 个特征，S 表示已经选择的特征组成的特征子集，s_i 表示 S 中的第 i 个特征，S 中有 d 个特征。$\mathrm{cov}(l_j, s_i)$ 是由公式（3-3）计算出来。$averagecov(l_j, S)$ 由公式（3-6）计算所得。

在假设中，S 集合是有特征的，最开始选择特征时，S 集合是空的，因此在选择特征时，要考虑 $averagecov(l_j, s)$ 和 $distributecov(l_j, s)$ 的权重，如公式（3-8）所示。

$$completecov(l_j, S) = ac \times averagecov(l_j, S) + dc \times distributecov(l_j, S) \tag{3-8}$$

$$ac = e^{\left|\frac{K-k+1}{K}\right| \times e^{\cos((\frac{t}{T} + \frac{i}{N}) \times \pi)}} \tag{3-9}$$

$$dc = \tan(\sin(\frac{k \times \pi}{2 \times K})) \times e^{(\frac{lenbest}{lenF} + \frac{i}{N}) \times \frac{k}{K}} \tag{3-10}$$

在式（3-8）中，$j=1, 2, \cdots, m$。在式（3-9）和式（3-10）中，这六个变量（t, T, I, n, K, k）与公式（3-4）中的变量相同。$lenbest$ 表示已经选中的全局最优特征子集中特征的长度，$lenF$ 表示数据集中特征的个数。

从冗余性角度选择特征时，最小协方差值对应的特征被选中。即，在 L 集合中，选择 $completecov(l_j, S)$ 最小值对应的特征进入 S 中。

$$MC(l_j, S) = \min(computelecov(l_j, S)) \tag{3-11}$$

式中，S 是已经选择的特征组成的集合，$l_j \in L$，$j=1, 2, 3, \cdots, m$。

3. 最大斯皮尔曼最小协方差（Maximum Spearman Minimum Covariance, MSMC）

在上文最大斯皮尔曼和最小协方差的介绍中，为了计算数据集中每个特征的值，最大值和最小值需要合并成一个公式。这里有两种获得最大值的方法，一种是 MS 减去 MC，另一种是 MS 除以 MC。为了减少计算量，我们选择第一种方法。

在特征子集是空时，平均协方差和分布协方差不能被计算。根据公式

（3-12，$i=1$），选出相关性最大的特征，其相关性值就是特征的分值。在特征子集不空时，根据公式（3-12，$i>1$），把每个特征的分值一个一个地计算出来。

$$feagrade(s_i)$$
$$= \begin{cases} \max(spc \times |sp(l_j, C)|) & i = 1 \\ \max(spc \times |SP(l_j, C)| - ac \times averagecov(l_j, S) - dc \times distributecov(l_j, S)) & i > 1 \end{cases}$$
（3-12）

式（3-12）中，$s_i \in S$，$l_j \in L$，$i=1, 2, 3, \cdots, n$，L 表示备选特征的集合，C 是标签列，S 表示已经选择的集合。三个参数 spc、ac 和 dc 是相关性和冗余性的系数。$Feagrade(s_i)$ 表达式是数据集中第 i 个特征的得分。

在 MSMC 算法中，有三个参数 spc、ac 和 dc，用于调整 MS 值、$averagecov$ 值和 $distributecov$ 值。当 S 中的特征数比较少时，衡量相关性。当 S 中的特征数量较多时，衡量冗余性。因此，当所选特征的数量增加时，系数 spc 和 ac 的值将逐渐减小到 1，并且系数 dc 的值将从 0 逐渐增加。三个系数的变化趋势能够为特征子集的最大相关性和最小冗余性提供保障。

在 MSMCCS 中，CS 给 MSMC 算法提供一些参数，MSMC 算法运行后，把每个特征的分值返回给 CS 算法。

在图 3-2 中，提供了 MSMC 算法的一些参数，包括迭代次数和特征子集信息。在该算法中，有两个循环。在内循环中计算备选特征集（L）中的一个特征与所选特征集（S）之间的分数。在外循环中根据分数逐个选择特征。每个特征的得分在 MSMC 算法中计算。

二、特征子集调整策略

MSMCCS 算法联合了 MSMC 算法和改进的布谷鸟算法。改进的布谷鸟算法分三个阶段，分别是提高收敛速度、选择候选特征子集、调整候选特征子集。

1. 提高收敛速度

在原始 CS 算法中参数 λ 是固定值（Yang et al., 2009; Mohapatra et al., 2015）。为增加寻优空间的范围，参数 λ 按公式（3-13）更新。

$$\lambda = \frac{3 - \sin(\frac{\pi \times t}{2 \times T} + \frac{\pi \times i}{2 \times n})}{1 + \sin(\frac{\pi \times i}{2 \times n} + \frac{\pi \times t}{2 \times T})}$$
（3-13）

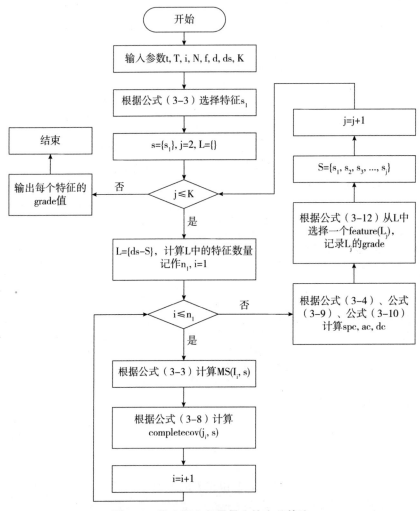

图3-2 最大斯皮尔曼最小协方差算法

式（3-13）中，i 表示当前的特征子集的编号，n 表示特征子集的数量，t 表示当前的迭代次数，T 表示算法中总的迭代次数。λ 的值满足公式（2-9）（$1 < \lambda \leq 3$），在 t 较小时，其值变化趋势是逐渐减少的，在 t 较大时，其值变化趋势是逐渐增加的。随着迭代次数的增加，λ 的变化逐渐增大。在参数 λ 的变化开始时，特征子集接近局部最优并且找到局部最优。然后，特征子集连续找到优于局部最优的全局最优。参数 λ 的多样性有助于获得全局最优解，而不是局部最优解。图3-3 显示了 λ 的变化。

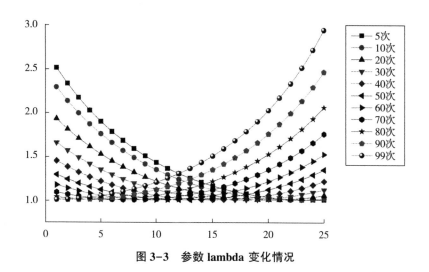

图 3-3 参数 lambda 变化情况

CS 算法是最新提出来的解决基于生物行为和物理系统的优化问题。通常情况下，CS 是能够找到全局最优的值，但是其运行时间比较长，收敛比较慢（Yang et al., 2014; Ouaarab et al., 2014）。因此，为提高收敛速度，在 CS 的位置更新公式中，增加了上次迭代的最优值对当前位置的影响。更新公式如下：

$$s = s + \lambda \times step(bestnest - s) + (Ibest - s) \qquad (3-14)$$

式（3-14）中，s 在这里代表某个特征子集，$step$ 根据公式（2-9）所求得，$bestnest$ 代表目前求得全局最优的特征子集，$Ibest$ 代表上次迭代中的最优特征子集。λ 用公式（3-13）求得。参数 λ 计算方法和位置更新公式的修改为获得最优的特征子集提供保障。

2. 选择候选特征子集

经过上面的修改后，每个特征获得一个作为权重的值。但是有些权重值是负数，而且不规范。为规范权重值，引入公式（3-15）。

$$nestweight(j) = \frac{1}{1 + e^{s(j)}} (j = 1, 2, \cdots, d) \qquad (3-15)$$

式中，$s(j)$ 表示特征子集中第 j 个特征原始的权重值，$nestweight(j)$ 表示规范后的第 j 个特征权重值，S 中共有 d 个特征。$nestweight(j) \in (0, 1)$，$j = 1, 2, \cdots, d$。

为发挥包裹式方法和过滤式方法的优点，使两种方法紧密地结合在一起，让包裹式方法计算出的权重和过滤式方法计算出的分值相乘，获得每个特征的等级，如公式（3-16）所示。

$$nestgrade(j) = nestweight(j) \times mpmcgrade(j) \qquad (3\text{-}16)$$

式（3-16）中，j 表示特征子集中的特征，$j=1$，2，3，…，n。

3. 调整候选特征子集

CS 和 MSMC 结合后，选中一些特征作为候选特征子集和一些淘汰掉的特征。为提高分类的准确性，用发现概率和特征子集概率的关系调整候选特征子集中的特征。发现概率用公式（3-17）计算。

$$pa = \frac{e(\dfrac{8 \times t}{T}) - 1}{e(\dfrac{4 \times t}{T}) + 1} \qquad (3\text{-}17)$$

在标准 CS 算法中，巢的某个维度的概率大于 pa 时，表示这个维度被发现了，修改相应维度的值（Yang et al., 2009；Ouaarab et al., 2014）。在本章中，任何一个特征的概率都不能代表整个特征子集的概率。特征子集中所有特征概率的均值作为特征子集的概率，记为 *subsetpa*。根据公式（3-18），形成 *subsetpa*。在由公式（3-16）形成的候选特征子集中，根据交叉变异思想，对特征子集进行变异处理。若 *subsetpa*>*pa*，根据公式（3-19）计算出 $n1$ 的值，把对应特征子集中值为 1 中概率最大的 $n1$ 个特征的位置变成 0。若 *subsetpa*<*pa*，根据公式（3-20）计算出 $n2$ 的值，把对应特征子集中值为 0 中概率最小的 $n2$ 个特征的位置变成 1。

$$subsetpa = \frac{\sum_{i=1}^{n} featurepa(i)}{n} \qquad (3\text{-}18)$$

$$n1 = \left\lceil \frac{pa \times klensubset}{subsetpa} \right\rceil \quad subsetpa > pa \qquad (3\text{-}19)$$

$$n2 = \left\lceil \frac{subsetpa \times (n - klensubset)}{pa} \right\rceil \quad Subsetpa < pa \qquad (3\text{-}20)$$

在式（3-18）中，*featurepa*（i）表示某个特征的概率，是随机生成的，n 表示特征子集中所有特征的个数。特征的数值大于零的个数用 *klensubset* 表示，*klensubset* ∈（0，*feanumber*）。等级最高的前 *klensubset* 个值对应的特征组成候选特征子集。在公式（3-19）和公式（3-20）中，*pa* 为发现概率，*klensubset* 为选定特征的个数，*subsetpa* 为整个特征子集的概率，由公式（3-18）计算得到。

三、MSMCCS 算法模型

MSMCCS 算法是过滤算法和包裹算法的混合，将提出来的过滤算法 MSMC 嵌入到改进的 CS 算法中形成混合特征选择方法。在原始的 CS 算法中通过莱维飞行和发现概率对巢进行二次挑选。根据 CS 算法的二次挑选操作，对数据集中的所有特征分两步处理。在提出的算法中，根据莱维飞行的结果给数据集中所有的特征一个分数，这个分数记作 nestweight。根据过滤算法的计算结果给数据集中的每个特征一个分值，这个分值记作 msmcgrade。在 MSMCCS 中，把每个特征的两个数值结合起来形成一个分值，记作 nestgrade。根据这个分值把数据集中所有的特征排序，形成候选特征子集。在候选特征子集的基础上，通过发现概率和整体概率的关系，调整候选特征子集。在调整后的候选特征子集里选出最优的特征子集。MSMCCS 算法的模型通过流程图 3-4 和表 3-6 展示出来。

在图 3-4 中，无阴影矩形框部分是原始 CS 的部分，其他形状背景表示改进的部分。图中一个横条纹矩形框是 MSMC 过滤算法的计算结果，四个点纹矩形框表示候选特征子集的形成过程，五个斜条纹的框表示调整候选特征子集的过程。初始化后，计算最优的分类准确率，然后进入循环。循环由形成候选特征子集和调整候选特征子集两部分组成。在第一部分中，MSMC 算法对每个特征打分，选出候选特征子集并计算他们的分类准确率，更新最优的分类准确率。在第二部分中，计算发现概率并调整候选特征子集中的特征，计算他们的分类准确率，更新最优分类准确率。退出循环后，输出最优的分类准确率和特征子集。

在这个模型中，首先，提出一个基于斯皮尔曼和协方差的过滤算法。在 MSMC 中引入三个参数（spc、ac、dc），用来提高候选特征子集整体的相关性并降低其冗余性。其次，在 CS 算法中，通过修改参数和位置更新公式的计算方法，达到了提高收敛速度的效果。再次，经过 MSMC 和 CS 算法的结合，形成了候选特征子集并初步取得最优的分类准确率。最后，用发现概率和特征子集概率的关系调整候选特征子集中的特征。模型的运行结果是提出来的 MSMCCS 算法获得最高的分类准确率。

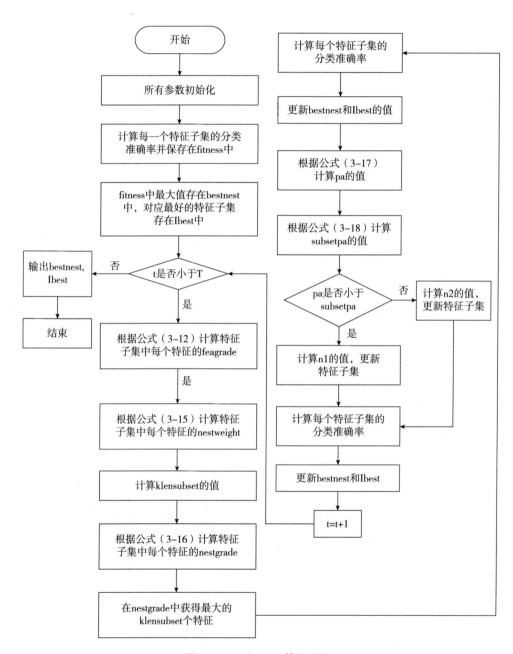

图 3-4　MSMCCS 算法流程

表 3-6 MSMCCS 算法伪代码

序号	伪代码-MSMCCS 算法
1	Input：Data set, number of iterations T, number of cuckoo n,
2	Output：bestnest, lbnest
3	Initialize every nests（i）i=1, 2, …, n
4	Calculate everyfitness（i）using fitness function i=1, 2, …, n
5	fitness（k）= maximum｛fitness（n）｝, the corresponding nest is k, bestnest = fitness（k）, lbnest = nest（k）, 1≤k≤n
6	While t<T do
7	Calculate nestweight（i）of every cuckoo nest with formula（3-15）i=1, 2, 3, …, n
8	Calculate feagrade（i）of every cuckoo nest with formula（3-12）i=1, 2, 3, …, n
9	Calculate nestgrade（i）of every cuckoo nest with formula（3-16）i=1, 2, 3, …, n
10	Selected features from nestgrade（i）to constitute candidate feature subset i=1, 2, 3, …, n
11	Calculate each feature subset classification accuracy
12	Update bestnest, lbest
13	Calculate pa by formula（3-17）
14	Caluculate subsetpa by formula（3-18）
15	If pa<subsetpa then
16	calculate n1, update feature subset
17	Else
18	calculate n2, update feature subset
19	Endif
20	Calculate each feature subset classification accuracy
21	Update bestnest, lbest
22	End While

第二节 实验结果

一、数据集介绍

为证实所提出的 MSMCCS 算法的优越性，在 UCI 机器学习数据库（UCI ma-chine learning repository，其网址：http：//archive. ics. uci. edu/ml/datasets. html）中选择的八个数据集上进行了实验（Li et al.，2013）。提出来的算法在八个数据集：German、Ionosphere、Segment、Sonar、Vehicle Silhouettes、Vowel、Wine 和 Zoo 上具有很好的性能。从表 3-7 中的数据可以看出，三个数据集是 2 分类的，一个数据集是 3 分类的，Vehicle Silhouettes 数据集是 4 分类的，Segment 和 Zoo 是 7 分类，Vowel 数据集是 11 分类的。数据集中例子的数量在 101~2310。数据集中特征的数量在 13~60。

表 3-7   实验中使用到的八个数据集的描述

序号	数据集名称	分类数量	例子数量	特征数量	简写
1	German	2	1000	24	Ger
2	Ionosphere	2	351	34	Ion
3	Segment	7	2310	19	Seg
4	Sonar	2	208	60	Son
5	Vehicle Silhouettes	4	846	18	Veh
6	Vowel	11	990	13	Vow
7	Wine	3	178	13	Win
8	Zoo	7	101	17	Zoo

二、三种算法参数设置

在接下来的实验比较中，我们分别采用了包裹式方法的算法（包裹算法）、过滤式方法的算法（过滤算法）和混合式方法的算法（混合算法）与我们提出来的算法进行比较。在 MSMCCS 算法中，迭代次数是 100 次，个体数量是 30，在每个数据集上跑 5 次，分类准确率取 5 次的平均值。包裹式方法和过滤式方法有很多人研究过了，但是与我们的实验设置情况完全一样的算法很难找全。为公平比较，我们把三种算法（包裹算法、过滤算法和混合算法）进行还原。在这些算法中，迭代次数、群智能算法的个体数量、平均分类准确率的计算方法与 MSMCCS 算法的设置一致。

在包裹算法中，PSO、GA、BBA、SA、CS 的参数初值和实现方法参考相关的文献（Rodrigues et al.，2014；Lin et al.，2008；Akadi et al.，2011；Yang et al.，2014；Huang et al.，2006）。为了解决特征选择问题，ALO 用二进制表示法解决离散问题。对 ALO 来说，蚂蚁和蚁狮位置的值是 0 或 1。产生一个随机数，如果值大于等于 0.5，相应位置的值等于 1，表示位置代表的特征就被选中；如果值小于 0.5，相应位置的值等于 0，表示位置代表的特征没有被选中。

对 PSO，粒子的数量是 30，最大权重系数是 0.9，最小权重系数是 0.4。权重 w 是变化的，$w = w_{max} - (w_{max} - w_{min})M$，$M = Iteration_{Current}/Iteration_{Max}$。学习因子（系数）$c_1$ 和 c_2 的值都是 2，最大迭代次数是 100。对 GA，染色体数量是 30，交叉概率是 0.7，变异概率是 0.02，最大的迭代次数是 100。对 SA，初始温度是 0.8，停止温度是 0.8^{30}，冷却因子是 0.8，最大迭代次数是 3000，3000 = 30×100，它的意思是粒子的数量与迭代次数的乘积，与其他算法的迭代次数 100 是相同的。对 BBA，蝙蝠数量是 30，响度是 1.5，脉搏率是 0.5，频率的最小值是 0，最大值是 1，最大的迭代次数是 100。对 ALO，蚂蚁的数量是 30，所有数量的最小值是 0，最大值是 1，最大迭代次数是 100。对 CS，巢的数量是 30，发现概率是 Pa = 0.25，莱维飞行的参数 λ = 1.5，步长 α = 0.01，最大迭代次数是 100。

在过滤算法中，选择了最大相关最小相冗算法（mRMR）。在 mRMR 算法中，采用 mid 方法为特征排序。由于我们的数据集是小数据集，为达到较好的分类准确率，把选取特征的数量（K）做成了一个动态变化的值，K = 1，2，3，…，N，N 表示数据集中特征的个数。选出来的特征子集的分类准确率用

SVM 分类器计算。把最好的分类准确率对应的特征子集作为候选特征子集。我们采用 backward 策略（Zhao et al.，2019），对候选特征子集采用向后退一步的操作搜索更优的特征子集。经过上述操作，获得了每个数据集的最优分类准确率。

在混合式特征选择算法中，mRMR 算法被用来做过滤算法，PSO 算法和 GA 算法被用来做包裹算法。mRMR+GA 和 mRMR+PSO 算法采用两阶段式混合特征选择方法。同时，mRMR、GA、PSO 算法中相关参数的设置与过滤算法和包裹算法中的设置一样。

在本章的研究中，三种类型算法（包裹算法、过滤算法和混合算法）的适应度函数用 SVM 分类器代替。分类准确率最高的特征子集代表着问题的解，即最终找到了最优子集。SVM 分类器的参数采用核函数。惩罚参数 C 和 RBF 参数γ是通过 Grid Search 方法来选择的。

在测试表 3-7 中八个数据集的分类准确率时，采用了十折交叉验证技术。这个技术包含了 10 个循环。在每个循环里，采用分层的思想把数据集分成 10 折。其中，9 折用作训练，最后 1 折用作测试。在每一折中计算分类准确率，10 折的平均分类准确率是适应度函数的值。

在表 3-8 中，显示了 11 种算法在每个数据集上的平均分类准确度。灵敏度和特异性是二元分类检验性能的统计度量（Kane et al.，2000）。敏感性测量是正确识别的阳性比例。特异性测量是正确识别的阴性比例。

三、结果和比较

在表 3-8 中我们能发现，MSMCCS 算法在八个数据集上取得了很高的平均分类准确率。在 Win 数据集上，MSMCCS 算法的分类准确率达到了 100%。在 Son 和 Veh 数据集上，MSMCCS 算法的分类准确率比其他算法至少高出 1%。

表 3-8　11 个算法在八个数据集上的平均分类准确率

序号	数据集	ALO	GA	BBA	SA	PSO	CS	BFO	mRMR	mRMR+GA	mRMR+PSO	MSMCCS
1	Ger	75.76	74.94	74.98	77.58	72.40	76.70	77.40	77.30	75.96	77.50	77.88
2	Ion	92.67	95.41	95.48	95.85	86.35	87.87	96.60	95.43	95.96	96.02	96.87

续表

序号	数据集	ALO	GA	BBA	SA	PSO	CS	BFO	mRMR	mRMR +GA	mRMR +PSO	MSMC CS
3	Seg	97.26	96.62	96.21	97.81	98.18	93.29	94.55	97.76	97.80	98.01	98.29
4	Son	71.98	71.11	69.00	81.60	76.68	70.10	78.23	91.67	90.39	87.52	93.10
5	Veh	83.69	84.64	82.98	83.80	80.60	76.24	75.77	84.38	84.16	72.70	86.41
6	Vow	74.04	71.47	70.10	78.46	71.92	58.99	78.69	99.68	98.04	99.29	99.80
7	Win	98.37	98.36	98.04	99.33	97.37	97.81	99.44	99.44	98.94	97.78	100.00
8	Zoo	94.04	94.13	94.30	96.39	89.30	93.37	93.70	95.87	96.74	98.00	98.02

在 MSMCCS 算法中，首先依据最大斯皮尔曼秩和最小协方差的方法给每个特征打分。其次结合 CS 中的权重，对特征进行降序排序。最后排在前面的一些特征当作候选特征子集被选中。经过这样的操作达到了消去特征中噪音的目的。根据概率关系对候选特征子集的调整，搜索到更高的分类准确率。

从图 3-5 中我们可以看出，横坐标是迭代次数，从 0 到 500，纵坐标是每个数据集的分类准确率。还可以看出每个数据集在 100 次迭代时取得的分类准确率和在 500 次取得的分类准确率差距很小，其中 Ion、Seg、Son、Vow、Win 和 Zoo 数据集的差距是 0，Ger 数据集的差距是 0.3，Veh 数据集的差距是 0.4 左右。这说明，此算法在 100 次迭代之前就已经收敛了。本算法是过滤算法和包裹算法的结合。在过滤算法中，各个特征的分值体现出他们在特征子集中的重要程度。在包裹算法中，经过权重和分值的降序排序后，没有噪声的特征排在了前面，因此实现了分类准确率在 100 次迭代时找到了最值的效果。在原始的 CS 算法中，每次位置更新的策略与全局最优值有关，没有考虑到上次迭代中的最优值对本次迭代的影响。在改进的 CS 算法中，每次迭代的位置更新策略增加了最近一次迭代时找到的最优值对本次迭代的影响。从公式（3-14）可以看出 Ibest 表示上次迭代中获得的最优值，bestnest 表示全局最优值。在改进的位置更新策略中，不仅考虑了全局最优值对当前位置的影响，还用到了最近一次迭代中的最优值对当前位置的影响。因此，MSMCCS 算法的收敛速度比原始算法的收敛速度要快一些。

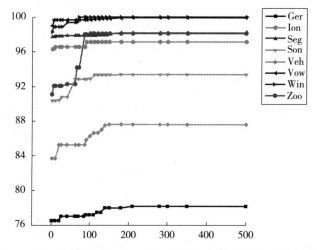

图 3-5　在 8 个数据集上 MSMCCS 算法 500 次迭代的分类准确率

第三节　实验分析

一、参数和 lambda 的效果

1. 过滤算法三个参数的效果

在过滤算法中，引入了三个参数来调节相关性和冗余性的比重。从八个数据集中挑选出来有代表性的 Wine 数据集来显示三个参数的变化情况。

图 3-6 至图 3-8 显示的是随着特征子集长度的增加 spc、ac 和 dc 三个参数的变化情况。针对 Wine 数据集，在第 10 次迭代时，从 30 个特征子集中选取 7 个（1，5，10，15，20，25，30）子集。从图 3-6 至图 3-8 中可以看出，spc 的初始值始终在 1~3，最后的值为 1。ac 的初始值从 9 降到 1.3 左右，ac 最后都等于 1。dc 的初始值在 0.5 附近，随着特征子集数量的增多，dc 终值的范围从 11.5 变化到 4.3。

spc 是最大斯皮尔曼相关秩的权重。在挑选特征的过程中，斯皮尔曼的秩表示特征和标签之间的相关度。在特征数量少的时候略起作用，在特征数量增多时，所起作用没有较大变化。ac 是衡量特征之间平均协方差的权重，在特征子集

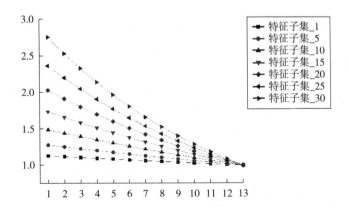

图 3-6 在 Wine 数据集上当特征子集序号为 1，5，10，15，20，25，30 时 spc 的值

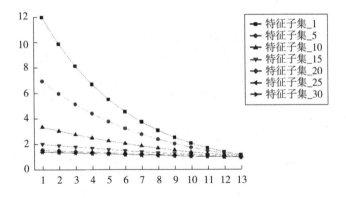

图 3-7 在 Wine 数据集上当特征子集序号为 1，5，10，15，20，25，30 时 ac 的值

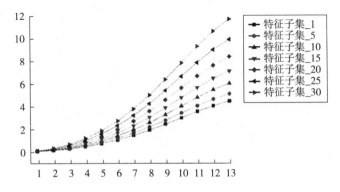

图 3-8 在 Wine 数据集上当特征子集序号为 1，5，10，15，20，25，30 时 dc 的值

中有很少特征时，特征之间的冗余性主要依靠平均协方差，因此 ac 的初值较大。dc 是衡量特征之间分布协方差值的权重，在没有选择特征时，分布协方差对特征的选择不起作用。随着特征被选中数量的增多，平均协方差和分布协方差综合在一起来衡量特征之间的冗余性，平均协方差的作用逐渐减少，分布协方差的作用越来越大。因此在每个特征子集的选择过程中，ac 是曲线下降的，dc 是曲线上升的。随着特征子集数量的增多，平均协方差和分布协方差积累的经验越来越多，平均协方差区分特征之间的冗余性没有分布协方差对特征之间冗余性的区分度高。因此，ac 的初值逐渐降低，dc 的终值逐渐增多。

2. lambda 的效果

从图 3-9 中可以看出，X 轴表示包裹算法特征子集的数量，从 1 到 30；Y 轴表示迭代的次数，从 1 到 100 次；Z 轴表示 λ 的变化情况，在 1.0~2.8。在迭代开始时，编号比较小的特征子集 λ 值是比较高的，达到 2.5。随着特征子集数量的增多，λ 逐渐降低到 1。当迭代次数在 50 左右时，随着特征子集数量的增多，λ 值的变化情况是先减少然后上升，从 1.2 降到 1 然后从 1 升到 1.4。当迭代次数在 90 多次时，编号比较小的特征子集 λ 值从 1.0 开始，随着特征子集数量的增多，λ 的值逐渐增加到 2.7 左右，接近最大值 2.8。从整体上看，λ 值从大变小，然后又从小变大。为获得最优的分类准确度，MSMCCS 算法从更大的空间开始逐步且更加精细地进行搜索。为了防止陷入局部最优值，MSMCCS 算法搜索更大的步长。这样变化的 λ 有利于找到最优特征，并不会陷入局部最优。

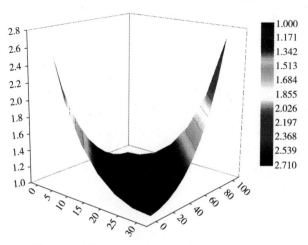

图 3-9　参数 lambda 在 Wine 数据集上的趋势

图 3-10 显示随着迭代次数的增加，发现概率从 0 逐渐变为 1。虽然发现概率发生了变化，但是，每个数据集的趋势都是一样的。从公式（3-17）可以看出，发现概率的变化和迭代的次数是相关的，与数据集无关。因此，发现概率变化的趋势是合理的。

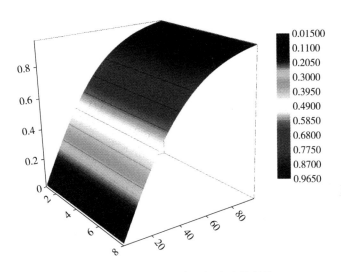

图 3-10　每个数据集上发现概率变化的情况

二、敏感性和特异性及统计检验

敏感性和特异性是统计测量，适用于二元分类测试，但是在八个数据集中有五个数据集（Seg、Veh、Vow、Win 和 Zoo）不是二分类数据集。因此，每种算法的敏感性和特异性仅在三个 UCI 二分类数据集（Ger、Ion 和 Son）上进行测试。从表 3-9 中可以看出 MSMCCS 算法在 Ion 和 Son 数据集上获得最高的敏感性，而且在 Ger 数据集上，MSMCCS 算法的敏感性要等同于 BBA、SA 和 mRMR+GA，高于其他算法。从表 3-10 可以看出，MSMCCS 算法在 Ion 和 Son 数据集上达到了最高的特异性，而且 MSMCCS、mRMR +PSO 和 ALO 在 Ger 数据集上的特异性是最高的。从结果中，我们可以看出改进的 lamda 和 Pa 概率增加了分类的准确率。因此，改进的 lamba 和 Pa 在敏感性和特异性方面做了很大的贡献。

表 3-9   11 个算法的敏感性

序号	DS	ALO	GA	BBA	SA	PSO	CS	BFO	mRMR	mGA	mPSO	MSMCCS
1	Ger	0.89	0.90	0.91	0.91	0.90	0.90	0.90	0.90	0.91	0.90	0.91
2	Ion	0.95	0.98	0.98	0.98	0.98	0.98	0.97	0.98	0.98	0.97	0.99
3	Son	0.75	0.85	0.80	0.81	0.76	0.66	0.75	0.88	0.86	0.82	0.90

注：DS：数据集。mGA：mRMR +GA。mPSO：mRMR +PSO。

表 3-10   11 个算法的特异性

序号	DS	ALO	GA	BBA	SA	PSO	CS	BFO	mRMR	mGA	mPSO	MSMCCS
1	Ger	0.47	0.38	0.44	0.40	0.31	0.40	0.46	0.45	0.43	0.47	0.47
2	Ion	0.88	0.90	0.91	0.90	0.64	0.70	0.79	0.90	0.91	0.91	0.92
3	Son	0.72	0.86	0.88	0.93	0.76	0.70	0.77	0.89	0.90	0.85	0.94

注：DS：数据集。mGA：mRMR +GA。mPSO：mRMR +PSO。

Wilcoxon 符号等级检验是由 Frank Wilcoxon 提出的非参数统计假设检验
（Conover，1973）。这一策略用于对比两个相关的样本。我们可以根据这个测试确
定相应的数据种群分布是否相同。在本章中，Wilcoxon 符号等级检验是由 SPSS 软
件执行的。在表 3-11 和表 3-12 中显示的数据信息是应用 SPSS 软件的结果。
表 3-11 中显示出在 Veh 数据集上的 10 对 Wilcoxon 符号等级检验。从表 3-11 可以
看出，在显著性水平为 0.05 的情况下，MSMCCS 算法的性能优于其他十种算法。

表 3-11   在 Veh 数据集上的 Wilcoxon 检验比较

A*	C*	C*	C*	C*	C*	C*	C*	C*	C*	C*
B*	ALO	GA	BBA	SA	PSO	CS	BFO	mRMR	D*	E*
Z	−2.807	−2.090	−2.670	−2.807	−2.805	−2.803	−2.803	−2.397	−2.666	−2.803
P	0.005	0.037	0.005	0.008	0.005	0.005	0.005	0.017	0.008	0.005

注：A*：Algorithm 1。B*：Algorithm 2。C*：MSMCCS。D*：mRMR+GA。E*：mRMR+PSO。

在表 3-12 中显示了 11 个算法在 Veh 数据集上的统计描述。N 表示统计的数
量。均值测量数据集的集中趋势。标准偏差是用于量化一组数据值的变化或分散化
的度量。从表 3-12 中可以看出，MSMCCS 算法的平均值高于其他 10 个算法。结果

意味着 MSMCCS 最佳的集中趋势，它们表示通过引入每个特征的所选概率来提高的分类准确率使 MSMCCS 算法是最优的。因此，测试结果表明所提出的策略非常有效。

表 3-12　11 个算法在 Veh 数据集上的统计描述

算法	描述统计				
	数量	平均值	标准差	最小值	最大值
ALO	10	83.69	3.06	76.57	88.10
GA	10	84.64	3.90	78.57	91.67
BBA	10	82.98	3.25	75.38	87.06
SA	10	83.80	3.61	76.47	89.41
PSO	10	80.60	3.73	75.00	81.18
CS	10	76.24	3.49	71.43	83.33
BFO	10	75.77	4.43	71.43	94.12
mRMR	10	84.38	4.24	77.38	90.59
mRMR+GA	10	84.16	3.54	79.76	89.41
mRMR+PSO	10	72.70	6.17	63.10	82.14
MSMCCS	10	86.41	2.95	80.00	89.41

UCI 机器学习库的八个公共数据集分别由 SVM、K-最近邻（KNN）、朴素贝叶斯（NB）、随机森林（RF）和 Adaboost 作为分类器测试（Soria et al., 2011）。从表 3-13 可以看出，基于 SVM 分类器的 MSMCCS 在所有数据集上达到了最高平均分类准确率。此外，MSMCCS 应用于 SVM 分类器的性能明显优于使用其他分类器。因此，SVM 是 MSMCCS 最合适的分类器。

表 3-13　在五个分类器上的平均分类准确率

No.	Data set	MSMCCS SVM	MSMCCS KNN	MSMCCS NB	MSMCCS RF	MSMCCS Adaboost
1	Ger	77.88	75.36	74.78	74.36	75.16
2	Ion	96.87	95.82	94.54	95.33	94.53

续表

No.	Data set	MSMCCS SVM	MSMCCS KNN	MSMCCS NB	MSMCCS RF	MSMCCS Adaboost
3	Seg	98.29	95.7	96.73	96.86	82.99
4	Son	93.10	90.55	91.60	87.75	87.53
5	Veh	86.41	85.27	84.30	80.71	77.06
6	Vow	99.80	97.52	97.71	94.85	91.12
7	Win	100.00	98.79	98.37	97.98	96.02
8	Zoo	98.02	95.39	95.78	94.76	87.06

本章小结

为提高分类准确率，使过滤掉的重要特征能够进入最终的特征子集，本章提出一个混合的特征选择方法——MSMCCS，它是把过滤算法嵌入到包裹算法中。算法的过程是根据最大斯皮尔曼等级相关和最小协方差策略，从所有的特征中选出一些特征作为候选特征子集，然后根据概率关系调整候选特征子集并选出最优特征子集。实验结果表明提出的算法有很快的收敛速度并且分类准确率明显好于ALO、BBA、PSO、GA、SA、CS、BFO、mRMR、mRMR+GA、mRMR+PSO 10 种算法。同时，应用 SVM 分类器的 MSMCCS 的性能优于使用其他四个分类器。此外，敏感性、特异性和 Wilcoxon 符号等级检验用于评估所提出的方法与其他方法之间差异的统计显著性。

第四章

并列式特征选择算法

对于每一个微阵列数据，只有部分基因对分类和诊断是有益的。由于高维的问题，基因选择研究仍然是一项具有挑战性的工作。为了解决高维问题，我们提出一个降维的算法，称为 K 值最大相关最小相冗改进的灰狼优化算法（K Value Maximum Relevance Minimum Redundancy Improved Grey Wolf Optimizer，KMR^{2}IG-WO）。这个算法的创新点如下：

第一，根据最大相关最小相冗过滤算法（Maximum Relevance Minimum Redundancy，mRMR），提出一个 K 值 mRMR 过滤算法。K 值的选择与数据集的信息有关而且具有一定的随机性。

第二，用随机方法和不同比重特征数量的方法给包裹式特征选择方法的种群进行初始化。

第三，改进了灰狼算法中位置更新公式，减少了位置更新过程中的计算量。

第四，为了平衡最大分类准确率和最短特征子集长度，提出一个适应度函数的计算方法，并对适应度函数的参数进行演绎和推理。

在 14 个微阵列数据集上的实验结果显示，与其他四种算法相比，KMR^2-IGWO 算法具有很好的降维效果，尤其是在其中的五个数据集上分类准确率是 100%。在 14 个数据集上的降维的效果非常明显，特征的数量降到原来的 0.4% ~ 0.04%。

第一节　KMR^2 IGWO 算法

微阵列数据维降是需要一个过程的，从成千上万维降低到几百维，再降低到几十维或几维。因此，本书采用特征选择的方法对微阵列数据的降维方法分二级来完成：第一级是 K 值最大相关最小相冗算法（KMR²）；第二级是改进的灰狼算法（IGWO）。第一级降维的结果作为第二级的输入数据集。通过种群初始化把两种方法连接起来。

一、KMR²过滤算法

mRMR 方法是 Peng 等（2005）提出来的。互信息（Mutual Information，MI）用来衡量特征之间的相关性和冗余性。mRMR 策略使用了两次互信息操作：在标签和每个特征之间的第一个互信息被用来衡量相关性，在每两个特征之间的第二个互信息用来计算冗余性。

mRMR 算法在过滤算法中是一个典型。当 mRMR 执行特征选择时，它需要三个参数：数据集、标签向量、选择特征的数量（用 K 表示）（Akadi et al.，2011；Hala et al.，2015）。在许多文献中在没有考虑数据集的情况下，K 值固定（Ahmad et al.，2017）。本书在选择特征数量时，根据数据集的信息确定 K 值。第一级降低维数的操作要改变维数的数量级，因此有必要使用对数函数，从成千上万维的特征中挑选出几百维的特征。第一级降维的操作初步设想是根据公式（4-1）。

$$y = \log_p^x \tag{4-1}$$

式中，x 表示数据集中特征的数量，$2000 < X < 13000$，y 表示选择特征的数量，$50 < y < 150$。我们使用 0.01 作为间隔，从 1.04 到 1.1 画出 7 条对数曲线，如图 4-1 所示。当给出不同的 p 值时，y 的跨度是不同的，如表 4-1 所示。在这里，我们选择 1.05 至 1.09 中的任意一个数字。

假如一个数据集给定，那么公式（4-1）中的 x 值确定了，因此 y 的值每次执行都是一个固定的值。我们增加了 2 个随机数，所以 K 的值在每次执行时都是不同的。K 的值是通过公式（4-2）定义的。

$$K = \text{int}(\log_p^x + i \times q) + ranum \tag{4-2}$$

式（4-2）中，x 表示数据集中特征的数量，字母 i 表示数据集中例子的数量，p 是从表 4-1 中选出来的底数。q 的值是由随机决定的，表示正数或负数，$ranum$ 是随机数。

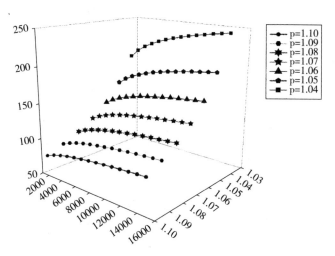

图 4-1 对数函数

表 4-1 在不同 p 值的作用下 y 的跨度范围

序号	p	y 的跨度	y 的范围
1	1.04	51.37	193.8~245.17
2	1.05	41.30	155.79~197.08
3	1.06	34.58	130.45~165.02
4	1.07	29.78	112.34~142.12
5	1.08	26.18	98.76~124.94
6	1.09	23.38	88.2~111.58
7	1.1	21.14	79.75~100.89
8	1.11	19.31	72.83~92.14
9	1.12	17.78	67.07~84.85

　　在第一级降维的过程中，当从数据集中选出一个新的特征时，这个特征是通过互信息计算方法获得的，并且具有相关性最大值和冗余性最小值。因此，在第一级降维过程中，通过选出数据集中的一些特征，提高了数据集的分类准确率。

　　对于同一个数据集，通过多次操作获得的 K 值是不同的，因此在多次执行降维的过程中，维度减少数量的重复性很低。同时，提供具有高分类准确率和低长度的特征子集。

二、IGWO 算法初始化方法

作为第一级降维的效果，我们获得了 K 个降序排列的特征（Peng et al.，2005）。在特征选择的群智能优化算法中，已选的 K 个特征作为候选特征子集。当种群位置初始化时，许多算法没有考虑 K 个特征的关系，而是它们都作为候选特征子集。在本书中，充分考虑了候选特征子集中不同位置的特征具有不同作用，因此把初始化的种群平均分成两部分。根据第一级 K 个特征的顺序，第一部分分成三段，每段的百分比分别是 50%、30%、20%。然后，在每段的特征中，随机地选出 20% 的特征，每段中的其他特征是不选择的。另一部分的种群采用随机化的方法初始化。

在图 4-2 中，中间矩形面积表示灰狼的位置情况。位置情况分为两部分，第一部分为 N_1 个体，第二部分为 N_2 个体（$N = N_1 + N_2$）。图中向上的箭头表示第一部分中每个个体每个维度的初始化值，向下箭头表示第二个部分中每个个体每个维度的初始化值。

在第一部分，参数如下：$N_1 = \lfloor \dfrac{N}{2} \rfloor$，$K_1 = \lfloor \dfrac{N_1}{2} \rfloor$，$K_2 = \lfloor \dfrac{3N_1}{10} \rfloor$，$K_3 = \lfloor \dfrac{N_1}{5} \rfloor$，$K_{11} = k_1 \times 0.2$，$K_{21} = k_2 \times 0.2$，$k_{31} = K_3 \times 0.2$。在第二部分，每个维度的值为 0 或 1，如公式（4-3）所示。

$$Position(i, j) = \begin{cases} 1 & rand \geqslant 0.5 \\ 0 & rand < 0.5 \end{cases} \tag{4-3}$$

式中，字母 i 表示第 i 个个体，j 表示第 j 维，$rand$ 表示随机数。

三、适应度函数策略

第二级降维是基于第一级降维的结果，它使用包裹式方法获得。为了获得最大分类准确率和最小特征子集长度为代表的最优特征组合，也就是要兼顾分类准确率和特征子集长度，我们提出了新的适应度函数和位置更新公式。

1. 适应度函数

在一些研究中，适应度函数是以找到 ACC 最优值为目的，即在每次迭代获得最值后，与最优值进行比较，把最优的结果保存下来。也有改进策略，每次迭

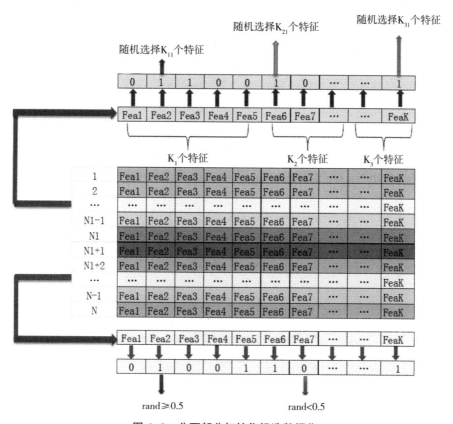

图 4-2 分两部分初始化候选数据集

代后的 ACC 最值与最优值相等时，比较最终基因组合的长度（LEN），把最小的 LEN 值作为最终的结果。这种策略虽然考虑了 LEN 的最小值，但仍然是在 ACC 取最值的情况下考虑的。为了解决这个问题，本书提出一个适应度函数的策略。基因数据分类的最大问题是找到最短的特征子集和最高的分类准确率，适应度函数定义如下：

$$Fitnessfun = F(ACC，LEN) \qquad (4-4)$$

在设计适应度函数（Fitnessfun）时，ACC 和 LEN 是线性关系，用除法和减法来对最大的 ACC 和最小的 LEN 进行处理。进而得到四个不同的适应度函数公式。

$$Fitnessfun\_1 = \frac{a}{ACC} + b \times LEN（取最小值） \qquad (4-5)$$

$$Fitnessfun\_2 = a \times ACC + \frac{b}{LEN}（取最大值） \qquad (4-6)$$

$$Fitnessfun\_3 = a \times ACC - b \times LEN \text{（取最大值）} \tag{4-7}$$

$$Fitnessfun\_4 = b \times LEN - a \times ACC \text{（取最小值）} \tag{4-8}$$

式（4-5）至式（4-8）中，ACC 是通过十折交叉验证方式测量的 SVM 分类器的分类准确率，LEN 是所选特征的数量，a 和 b 是系数（$a > 0$，$b > 0$），为达到设计函数的要求，公式（4-5）和公式（4-8）的适应度函数取最小值，公式（4-6）和公式（4-7）的适应度函数取最大值。

在许多文献中（Lu et al., 2017; Elyasigomari et al., 2017），适应度函数的参数值是直接给出的。在本书中，我们根据 ACC 和 LEN 的变化情况分析 a 和 b 的值。ACC 是一个正实数，$ACC \in [0, 1]$。LEN 是一个正整数，它与第一级的降维结果有关，$LEN \in [1, 100]$。ACC 的最小变化是 0.001，LEN 的最小变化是 1。用公式（4-6）作为研究内容，从函数变量的角度分析和讨论 a 和 b 的值，如表 4-2 所示。

表 4-2　根据 ACC 和 LEN 的变化情况选择适应度函数的值

LEN 的值 ＼ ACC 的值	ACC 的值不变	ACC 的值变大	ACC 的值变小
LEN 的值不变	不考虑	接受	拒绝
LEN 的值变大	拒绝	讨论 1	拒绝
LEN 的值变小	接受	接受	讨论 2

从表 4-2 中可以看出，当 ACC 和 LEN 同时变大或同时变小时，适应度函数的值与参数 a 和 b 密切相关。在其他情况下，如果 a 和 b 是固定的正数，则它们对适应度函数结果的变化没有影响。讨论 1 和讨论 2 的细节如下：

讨论 1：当 ACC 的增量为 0.001 的 n 倍时，LEN 的增量不超过 $0.1 \times t_1 \times n \times ori\_len$（$ori\_len$ 是变化前的 LEN 值）。这种情况是可以接受的。也就是说，Fitnessfun_2 的值增加了，其中 n 和 t_1 为正实数。

讨论 2：当 ACC 减小的值为 0.001 的 n 倍时，LEN 减小的值不小于 $0.1 \times t_2 \times n \times ori\_len$（$ori\_len$ 是变化前的 LEN 值）。这种情况下是可以接受的。在这种情况下，n 和 t_2 是正实数，$n \leq 10$。换句话说，当 ACC 减小的值为 0.001 的 n 倍时，LEN 的最大值是原来的 $(1 - 0.1 \times t_2 \times n)$ 倍。

以上的讨论是基于函数，因此公式（4-6）用函数的形式表示如下：

$$Z = a \times x + \frac{b}{y} \qquad (4-9)$$

式（4-9）中，Z 表示 fitnessfun 值，x 表示 ACC，y 表示 LEN，$x \in [0, 1]$，$y \in [1, 60]$，x 的最小变化值是 0.001，y 的最小变化值是 1。

讨论 1 的内容用函数表达如下：

$$Z_1 = a \times (x + n \times 0.001) + \frac{b}{y \times (1 + 0.1 \times n \times t_1)} \qquad (4-10)$$

$(x + n \times 0.001) \in [0, 1]$，当 x 取最大值 0.999 时 $n = 1$，y 的增加值是原来值的 10% 的 t_1 倍。要兼顾最大的 ACC 和最小的 LEN，当 $n = 1$ 时，y 的增加值不能超过原来值的 100%，因此 $t_1 \leqslant 10$。当 t_1 的值固定后，随着 n 值的增加，y 的增量也在增加。从理论上讲，x 的最小值是 0.001，n 的最大值是 1000，相当于 x 从 0.001 变化到 1。但是从经验上讲，$n \times 0.001$ 的最大值是 0.1，因此 n 的最大值是 100。又因为 y 的增量最小值是 1，因此 $y \times n \times t_1 \times 0.1 \geqslant 1$，$t_1 > 0.1$。综上所述，$t_1$ 在 0.1~10。

因这种情况是可以接受的，所以 $Z_1 > Z$，推导出结果为：

$$y > \frac{b \times 1000 \times t_1}{a \times (10 + t_1 \times n)} \qquad (4-11)$$

讨论 2 的内容用函数表达如下：

$$Z_2 = a \times (x - n \times 0.001) + \frac{b}{y \times (1 - 0.1 \times n \times t_2)} \qquad (4-12)$$

$(x - n \times 0.001) \in [0, 1]$ $[y \times (1 - 0.1 \times n \times t_2)] \in [1, 60]$ $n \times t_2 < 10$

因这种情况是可以接受的，所以 $Z_2 > Z$，推导出结果为：

$$y < \frac{b \times 1000 \times t_2}{a \times (10 - n \times t_2)} \qquad (4-13)$$

从公式（4-13）中可以得出，$10 - n \times t_2$ 是大于零的。当 $t_2 = 2$ 时，$n < 5$。此时的含义是当 ACC 减少 0.001 的 n 倍时，LEN 减少的值不能低于原来值的 20% $\times n$ 倍，此时是可以接受的。当 $t_2 = 1$ 时，$n < 10$。此时的含义是当 ACC 减少 0.001 的 n 倍时，LEN 减少的值不能低于原来值的 10% $\times n$ 倍，此时是可以接受的。当 ACC 减少时，是有限制的，不能一直减少，减少的最大值是 0.01，因此 n 的最大值是 10，所以 $t_2 \geqslant 1$。当 $n = 1$ 时，LEN 减少的值最大是原来的 1 倍，所以 t_2 的最大值是 10。综上所述，t_2 在 1~10。

在讨论中，对 ACC 和 LEN 的增减情况用不同的衡量标准，原因有二：第一个原因是为方便推导出参数 a 和 b 之间的关系；ACC 变化不用百分比的第二个原因是为了均衡变化，如果用了百分比，在 ACC 值小的时候增减变化情况被考虑的机会就小了。在讨论中引入 t_1 和 t_2 两个参数是为了 ACC 在增加或减少时，调整 LEN 的增减幅度。如果没有两个参数，LEN 的增减幅度是一致的。

当 $t_1=t_2$ 时，表示 x 增加或减少时，y 的增减幅度的限制是相同的。当 t_1 和 t_2 都等于 1 时，y 的上限是 $y=x+1$ 这个函数所绘制的线段。当 x 增加时，y 的值是在 $y=1$、$y=x+1$ 和 $x=100$ 所围成的区域内，在图 4-3 中，是 X2 和 X1 的区域；当 x 减少时，y 的值是在 $y=0$、$y=x+1$ 和 $x=0$ 所围成的区域内，在图 4-3 中，是 Y2 和 Y3 的区域。当 t_1 和 t_2 都等于 2 时，y 的上限是 $y=2x+1$ 这个函数所绘制的线段。当 x 增加时，在图 4-3 中，是 X3、X2 和 X1 的区域；当 x 减少时，在图 4-3 中，是 Y3 的区域。当 t_1 和 t_2 都等于 0.5 时，y 的上限是 $y=0.5x+1$ 这个函数所绘制的线段，其中 x 增加时，在图 4-3 中，是 X1 的区域；当 x 减少时，是 Y1、Y2 和 Y3 的区域（见表 4-3）。

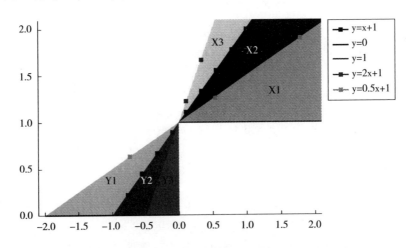

图 4-3　当 t_1 和 t_2 取相同或不同值时 LEN 的上限情况

注：X 的刻度表示 0.001 的倍数。Y 的刻度表示原来值的倍数。

表 4-3　t_1 和 t_2 相等时 Y 取得最值的情况

序号	t_1	t_2	X 的变化	Y 的最大值	图 4-3 中的区域
1	1	1	增加	$y=x+1$	X1, X2
2	1	1	减少	$y=x+1$	Y2, Y3

续表

序号	t_1	t_2	X 的变化	Y 的最大值	图 4-3 中的区域
3	2	2	增加	$y = 2x+1$	X1, X2, X3
4	2	2	减少	$y = 2x+1$	Y3
5	0.5	0.5	增加	$y = 0.5x+1$	X1
6	0.5	0.5	减少	$y = 0.5x+1$	Y1, Y2, Y3

在公式（4-10）和公式（4-12）中，n 的值可以是整数，也可以是带小数的。在图 4-3 中，当给出 t_1 和 t_2 的值时，n 的值可以是大于零的实数。因此，当 t_1 和 t_2 的值给出时，LEN 的上限已经确定后，由于 n 的值是实数（可以是整数也可以是小数），LEN 的取值范围就变成了一个区域。

当 t_1 和 t_2 不相等时，表示 X 增加或减少时，y 的增减幅度的限制与 X 的限制是不相同的。当 X 增加时，y 的最小值是原来的值。当 X 减少时，y 的最小值是 0。无论 X 是增加还是减少，都是对 y 的上限进行限制（见表 4-4）。

表 4-4　t_1 和 t_2 不相等时 Y 取得最值的情况

序号	t_1	t_2	X 的变化	Y 的最大值	图 4-3 中的区域
1	1	2	增加	$y = x+1$	X1, X2
2	1	2	减少	$y = 2x+1$	Y3
3	2	1	增加	$y = 2x+1$	X1, X2, X3
4	2	1	减少	$y = x+1$	Y2, Y3

当 $t_1 = 1$，$t_2 = 2$ 时，y 的上限不能用一条直线来限制，而是需要二条线段来限制。当 X 增加时，y 的值是在 $y = 1$、$y = x+1$ 和 $x = 100$ 所围成的区域内，在图 4-3 中，是 X1 和 X2 所在的区域；当 X 减少时，y 的值是在 $y = 0$、$y = 2x+1$ 和 $x = 0$ 所围成的区域内，在图 4-3 中，是 Y3 所在的区域。当 $t_1 = 2$、$t_2 = 1$ 时，对 X 增加和减少分别说明。当 X 增加时，表示在 X 增加 0.001 的 n 倍时，y 的增加值不能超过原来值的 20%×n 倍。在图 4-3 中，此时 Y 的值是 X1、X2 和 X3 所在的区域。当 X 减少时，表示在 X 减少 0.001 的 n 倍时，y 的减少值不能低于原来值的 10%×n 倍，在图 4-3 中，此时 Y 的值是 Y2 和 Y3 所在的区域。

无论 t_1 和 t_2 是否相等，都代表着不同的约束条件。因此，根据不同的要求来选择不同类型的关系。其他三个公式的讨论方法类似，在此就都不重复了。

当 t_1 和 t_2 都等于 2 时，把他们代入公式（4-11）和公式（4-13），经过计算后我们得到了式（4-14）。

$$\frac{5}{1000} < \frac{b}{a} < \frac{300}{1000} \tag{4-14}$$

从公式（4-6）和表 4-2 可以看出，如果 a 和 b 的值满足公式（4-14），无论 ACC 和 LEN 的值如何变化，都能找到最大的 ACC 和最小的 LEN。

2. 位置更新公式的修改

在离散型 GWO 的两种算法中，每匹头狼的位置更新公式需要用到六个公式来计算，比较复杂。在计算每一维每个位置更新时，分别考虑三匹头狼对当前位置产生的影响，需要计算出三个值（分别记作 X_1、X_2、X_3）。当前位置的值是在综合考虑 X_1、X_2、X_3 的影响后形成的。抽象出来的结果是，在更新当前位置时，需要考虑上次迭代中适应度函数最高的三个值对应位置的影响。在位置更新的操作中，首先要计算出 X_1、X_2、X_3，其次根据一个新规则形成位置的更新。

在计算 X_1、X_2、X_3 时，需要考虑上次迭代中的两个因素，分别是最值的位置和当前位置上一次迭代中的值，它们的关系如公式（4-15）所示。

$$X_{k,j} = m \times p_k(j) + n \times P(i, j) \quad k = 1, 2, 3 \tag{4-15}$$

在式（4-15）中，$X_{k,j}$ 表示第 k 个最大值在第 j 维的结果，$P_k(j)$ 表示第 K 个最值对应的位置在第 j 维度上的值，$p(i, j)$ 表示当前位置更新前的值。n 和 m 是参数，用来调解两个因素对当前位置更新的不同作用。m 和 n 的值用式（4-16）和式（4-17）计算。

$$m = 2 \times t \times (2 \times r_1 - 1) \tag{4-16}$$

$$n = 1 - 4 \times t \times r_2 \times (2 \times r_1 - 1) \tag{4-17}$$

在式（4-16）和式（4-17）中，r_1 和 r_2 是随机数，t 是一个线性减函数，如式（4-18）所示：

$$t = 2 \times \left(1 - \frac{L}{T}\right) \tag{4-18}$$

式（4-18）中，L 表示当前的迭代次数，T 表示最大迭代次数。

在设计当前位置更新的规则时，bgwo1 算法只考虑三个影响结果中的某一个，忽略了其他结果的作用。bgwo2 算法把三个影响结果都考虑了，但是计算比较复杂。本书提出的方法既考虑了三个影响结果的作用，同时计算量又很小。在本书中的位置更新用公式（4-19）计算。

$$X_j^{\,t+1} = \begin{cases} 1 & \dfrac{\left| x_{1,j} + x_{2,j} + x_{3,j} \right|}{3} \geq rand \\ 0 & otherwise \end{cases} \tag{4-19}$$

在式（4-19）中，$rand$ 表示随机数，范围在 $[0, 1]$，而 $\dfrac{\left| x_{1,j} + x_{2,j} + x_{3,j} \right|}{3}$ 的值域包含 $rand$ 的值域。$X_j^{\,t+1}$ 值的获得与位置的值有关（0 或者 1）。在灰狼算法中，在三匹头狼的指引下，经过迭代能够找到最优的特征子集。

四、KMR^{2}IGWO 算法模型

KMR^{2}IGWO 算法的模型是由过滤式方法的算法（简称过滤算法）和包裹式方法的算法（简称包裹算法）并列组成的。该模型主要应用在高维小样本的微阵列数据集上。通过过滤算法在原始数据集中挑选出 K 个特征，由这 K 个特征组成新的数据集作为包裹算法的输入数据集，通过两种方法初始化数据集，然后进入包裹算法中。以获取适应度函数的最值作为目标，以位置更新产生的特征组合为研究对象，寻找最优特征子集。包裹算法结束后，输出最优特征子集。

因此，KMR^{2}IGWO 算法分为两部分。第一部分是根据公式（4-2）确定 K 值，然后根据互信息理论使用 mRMR 算法选择 K 个特征。在第二部分中，使用 IGWO 算法选择最优特征子集和分类准确率。此算法的模型通过伪代码和流程图展示出来。伪代码如表 4-5 所示，流程如图 4-4 所示。

表 4-5　KMR^{2}IGWO 算法伪代码

序号	伪代码-KMR^{2}IGWO 算法
1	Input：Data set, number of iterations Max_t, number of grey n,
2	Output：ACC, LEN, feature subset
3	Calculate K according to formula (4-2)

续表

序号	伪代码-KMR²IGWO 算法
4	Found out K features in dataset using mRMR
5	Use two strategies to initialize the location of wolves
6	While t< Max_t do
7	Calculate the corresponding ACC and LEN for each wolf position
8	Calculate the Fitnessfun corresponding to each wolf position according to the formula（4-6）
9	Find the position of the three wolves with the highest Fitnessfun
10	Update the ACC and feature subset of the optimal feature subset
11	Update X_r, r=1，2，3 according to formula（4-15）
12	Update the position of each wolf according to the formula（4-19）
13	End While

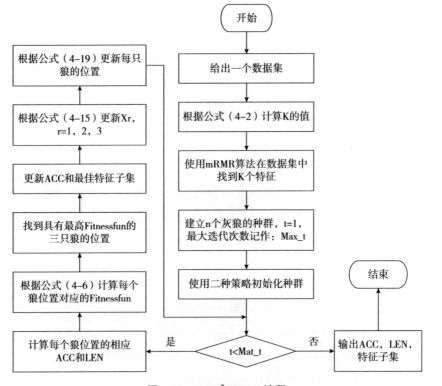

图 4-4　KMR²IGWO 流程

五、算法的应用

在本部分中，我们主要讨论算法的应用。该算法的主要作用是降低数据集的维数。在第一级降维中，使用最大相关最小冗余过滤方法，并根据数据集信息选择 K 个特征（$50<K<150$）。第二级降维是基于第一级的，使用包裹方法在适应度函数获得最大值时获得最优特征子集。通过两级降维，数据集的维数减少到原来的 $0.4\%\sim0.04\%$，找到最优特征子集。因此，该算法应用于尺寸为 $2000\sim20000$ 的微阵列数据集。

第二节　实验结果

一、微阵列数据集介绍

为了实现所呈现的 $KMR^2 IGWO$ 的优越性，通过从基因表达模型选择器（Gene Expression Model Selector，网址是：http：//www.gems-system.org）中选择的 14 个数据集进行一系列测试。基于这些数据集，对提出算法的优越性能进行了评价。表 4-6 描述了这些数据集的详细信息。有多种分类数据集，包括 2 个分类、3 个分类、4 个分类、5 个分类、9 个分类。数据集中的实例数量介于 62～203。数据集的特征数量在 2000～12601。从以上信息可以看出，这些数据具有高维小样本、高噪音、类别分布不平衡的特点，并且可以清晰地看出这些数据集是微阵列数据集。

表 4-6　实验中使用的数据集的描述

序号	数据集	例子数量	特征数量	分类数量	缩写
1	11_Tumors	174	12534	11	11_t
2	9_Tumors	60	5727	9	9_t
3	Brain_Tumor1	90	5921	5	Br_1

序号	数据集	例子数量	特征数量	分类数量	缩写
4	Brain_Tumor2	50	10368	4	Br_2
5	Colon	62	2000	2	Col
6	DLBCL	77	5470	2	Dlb
7	Leukemia	72	7070	2	Leu
8	Leukemia1	72	5328	3	Le1
9	Leukemia2	72	11226	3	Le2
10	Lung_Cancer	203	12601	5	Luc
11	Lymphoma	96	4026	9	Lym
12	NCI	60	9703	9	Nci
13	Prostate_Tumor	102	10510	2	Pro
14	SRBCT	83	2309	4	Srb

二、包裹和过滤算法的实验参数设置

微阵列数据集不适合直接使用包裹算法，因此包裹算法要与过滤算法结合。在本章中，过滤算法选择最大相关性最小冗余（mRMR）算法。将所提出的算法与 mRMR+PSO（Kennedy et al.，2011；Moradi et al.，2016）、mRMR+GA（Tsai et al.，2013；Wang et al.，2013）、mRMR+BBA（Rodrigues et al.，2014；Yang et al.，2013）、mRMR+CS（Yang et al.，2009；Mohapatra et al.，2015）进行比较。包裹算法取决于分类器和参数设置。在 KMR^{2}IGWO 算法中，迭代次数为 100，灰狼数量为 30，每个数据集测试 10 次。

我们记录每个数据集执行 10 次后的分类准确率的最大值和平均值。一些研究人员研究了包裹算法和过滤算法。但是，很难找到与 KMR^{2}IGWO 算法参数设置完全相同的其他算法。为了进行公平的比较，我们重现了常用的经典包裹算法和过滤算法，并组成了两阶段的混合式特征选择方法的算法。迭代次数、群体智能算法中的个体数量，平均分类准确率的计算方法与 KMR^{2}IGWO 相同。我们将详细描述每个算法的参数。

PSO、GA、BBA、CS 的初始参数和实现方法参考其他工作（Rodrigues et al.，2014；Unler et al.，2011；Lin et al.，2008；Ouaarab et al.，2014）。每个包裹类型算法的详细参数设置如表 4-7 至表 4-10 所示。

表4-7　mRMR+PSO 算法的详细参数值

参数名称	参数说明	参数值
population	粒子的数量	30
W_{max}	权重最大值	0.9
W_{min}	权重最小值	0.4
C_1，C_2	系数	2
$Iteration_{max}$	最大的迭代次数	100
K	从 mRMR 中选择基因的数量	100

表4-8　mRMR+GA 算法的详细参数值

参数名称	参数说明	参数值
N	染色体的数目	30
CP	交叉概率	0.7
MP	突变概率	0.5
$Iteration_{max}$	最大的迭代次数	100
K	从 mRMR 中选择基因的数量	100

表4-9　mRMR+BBA 算法的详细参数值

参数名称	参数说明	参数值
N	蝙蝠的数量	30
L	响度	1.5
P	脉率	0.5
Q_{min}	最小频率值	0
Q_{max}	最大频率值	1
$Iteration_{max}$	最大的迭代次数	100
K	从 mRMR 中选择基因的数量	100

表 4-10　mRMR+CS 算法的详细参数值

参数名称	参数说明	参数值
N	蝙蝠的数量	30
R	发现概率	0.25
C	莱维飞行的参数	1.5
$Iteration_{max}$	最大的迭代次数	100
K	从 mRMR 中选择基因的数量	100

在这个研究中，使用 SVM 分类器获得特征子集的最高分类准确率作为适应度函数的一部分。SVM 分类器的参数采用核函数，惩罚参数 C 和 RBF 参数γ是通过 Grid Search 方法来选择的。

在测试表 4-6 中 14 个数据集的分类准确率时，实验设计采用了十折交叉验证法。与具有高计算成本的引导程序或具有偏向行为的重新子情形等方法相比，它似乎是分类性能的最佳的分类器（Braga-Neto et al.，2004）。从 WEB 下载的每个数据集随机分成 10 个相同大小的分层部分。将 9 个部分合并为训练集，其余部分用作测试集。

我们选择 mRMR 算法中的中间方法来计算四种比较算法的分类准确率。为了找到最优分类准确率，在其他四种算法中，所选特征（K）的数量为 100。我们基于 SVM 分类器计算分类准确率，该分类准确率是根据 K 的不同值选择的特征子集。最佳的分类准确率相应特征子集作为候选特征子集。我们在候选特征子集中搜索更好的分类准确度。通过上述操作，我们获得了每个数据集的最优特征子集。

三、结果与比较

使用 14 个数据集和五个算法，每个算法在每个数据集上运行 10 次，选择每个算法在每个数据集上的最大分类准确率，并且还选择其对应的特征子集长度，它们如表 4-11 所示。选择每个算法在每个数据集上的平均分类准确率和平均特征子集长度，它们如表 4-12 所示。

表 4-11　五个算法在 14 个数据集上的最大分类准确率及其特征子集长度

序号	数据集	mRMR+PSO		mRMR+GA		mRMR+BBA		mRMR+CS		KMR^{2}IGWO	
		ACC	LEN	ACC	LEN	ACC	LEN	ACC	LEN	ACC	LEN
1	11_t	92.5	34	90.9	33	96.6	35	94.8	36	98.3	31
2	9_t	88.3	35	81.7	35	93.3	36	90.0	36	100.0	20
3	Br_1	96.6	20	94.4	22	95.6	21	95.6	22	96.7	10
4	Br_2	96.0	19	96.0	20	98.0	20	98.0	21	98.0	7
5	Col	98.3	15	91.9	18	98.6	17	95.2	19	100.0	6
6	DLB	100.0	7	100.0	9	100.0	8	100.0	11	100.0	4
7	Leu	100.0	4	100.0	8	100.0	6	100.0	10	100.0	2
8	Le1	100.0	8	100.0	11	100.0	9	100.0	13	100.0	5
9	Le2	100.0	8	100.0	12	100.0	9	100.0	10	100.0	4
10	Luc	99.0	26	98.0	30	99.0	28	99.0	30	99.5	10
11	Lym	100.0	16	99.0	19	99.0	17	99.0	21	100.0	8
12	NCI	86.7	18	81.7	22	88.3	20	85.0	21	96.7	14
13	Pro	99.1	15	98.0	19	99.1	16	99.1	18	100.0	4
14	SRB	100.0	10	100.0	15	100.0	12	100.0	15	100.0	5

表 4-12　五个算法在 14 个数据集上的平均分类准确率和平均特征子集长度

序号	数据集	mRMR+PSO		mRMR+GA		mRMR+BBA		mRMR+CS		KMR^{2}IGWO	
		ACC	LEN	ACC	LEN	ACC	LEN	ACC	LEN	ACC	LEN
1	11_t	92.1	36	90.3	35.4	95.0	36.3	91.7	37.0	96.0	28.3
2	9_t	86.0	31.1	80.8	35.9	90.5	37.1	88.5	36.8	96.4	22.3
3	Br_1	95.8	21.8	92.8	24.5	95.1	23.7	93.9	25.2	96.7	12.8
4	Br_2	96.4	16.1	92.8	22.5	95.4	21.9	97.1	23.9	97.2	5.8
5	Col	97.9	18.3	88.9	19.8	96.6	19.5	91.0	20.5	98.8	8.0
6	DLB	100.0	8.9	100.0	10.6	100.0	10.7	100.0	11.7	100.0	4.9
7	Leu	100.0	6.9	100.0	10.2	100.0	8.3	100.0	10.8	100.0	3.1

续表

序号	数据集	mRMR+PSO		mRMR+GA		mRMR+BBA		mRMR+CS		KMR²IGWO	
		ACC	LEN	ACC	LEN	ACC	LEN	ACC	LEN	ACC	LEN
8	Le1	100.0	10.6	99.3	15.5	99.4	11.6	100.0	16.2	100.0	6.0
9	Le2	100.0	9.9	100.0	14.4	100.0	10.9	100.0	14.6	100.0	5.2
10	Luc	99.0	26.9	97.4	31.5	98.9	29.1	98.4	32.4	99.3	12.5
11	Lym	99.8	20.5	97.5	23.7	98.8	21.8	95.7	24.9	99.9	10.6
12	NCI	85.2	27.5	78.2	25.8	86.5	24.6	84.0	27.5	94.1	16.4
13	Pro	99.1	17.4	96.9	21.5	98.6	19.2	98.0	23.1	99.3	6.0
14	SRB	100.0	11.9	100.0	17.9	100.0	13.9	100.0	18.8	100.0	5.7

表 4-11 展示出经过与 SVM 分类器组合，五个算法在 14 个数据集上取得最大分类准确率和对应的特征子集长度方面的性能。根据不同算法 ACC 值的情况，可以把 10 个数据集分成三种情况。

第一种情况包括 5 个数据集（DLB、Leu、Le1、Le2、SRB），所有算法都达到了 100% 的准确度。然而，KMR²IGWO 算法的表现优于其他所有算法，在与其他算法相比分类准确率达到 100% 的情况下获得最短的基因数量。第二种情况包含 3 个数据集（9_t、Col、Pro），不仅 KMR²IGWO 的表现优于其他算法，达到 100% 的准确率，而且与其他算法相比，基因的数量要小得多。第三种情况包含 5 个数据集（11_r、Br_1、Br_2、Luc、NCI），所有算法都没有达到 100% 的准确性。但是，KMR²IGWO 算法比其他算法的分类准确率都高，同时特征子集的长度比其他算法都小。除以上三种情况之外，对于 Lym 数据集，mRMR+PSO 和 KMR²-IGWO 都达到了 100%，但是 KMR²IGWO 算法在基因数量上优于 mRMR+PSO。

前四种算法在策略上注重分类准确率，没有考虑特征子集的长度问题，而 KMR²IGWO 算法使用了适应度函数的策略，不但注重分类准确率还考虑特征子集的长度。因此，在 ACC 相同的情况下，LEN 的值会更小。KMR²IGWO 算法的收敛性非常好，能够把基因的数量从几千维降到十几维，而且分类准确率也很高。

表 4-12 显示了与 SVM 分类器组合时，每个优化算法在 14 个数据集上，平均分类准确率和特征子集的平均长度方面的性能。

从表 4-12 中可以看出，KMR²IGWO 算法已在所有数据集上实现了 ACC 的最大值。在 14 个数据集中，只有 NCI 数据集的 ACC 值小于 95%，其他 13 个数据集的 ACC 值均大于 96%，五个数据集的 ACC 值达到 100%。与其他算法相比，KMR²IGWO 算法在所有数据集上获得最小的 LEN 值。原因是在不同参数的影响下，当适应度函数选择最优值时，相应的 ACC 值和 LEN 值都是最优的。

第三节　实验分析

一、K 值的选择

改进的灰狼优化算法能够获得较高的分类准确率和较低的特征子集长度是因为提出的算法具有很好的收敛性，同时适应度函数保证了选取的特征子集的长度是较短的。

从图 4-5 可以看出，提出来的算法在 14 个数据集上经过 2 次降维操作获得了显著的降维效果。有 9 个数据集的特征数量降到 1 位数。在这 14 个数据集中，Leu 数据集的效果最突出，从 7070 个特征最终减少到 2 个特征（特征编号为：

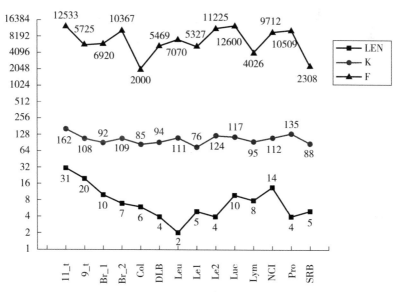

图 4-5　在 14 个数据集上 KMR²IGWO 算法的二级降维的效果

3193 和 6796），维数降低到原来的 2.83/10000。有 4 个数据集的最终特征个数是 10～20。其中 Luc 数据集的效果很明显，从 12600 个特征降到 10 个特征，维数降低到原来的 7.94/10000。只有一个数据集（11_t）的最终特征数超过了 25，维数降低到原来的 24.73/10000。

每个数据集 10 次运行后 K 的最大值、最小值、平均值如图 4-6 所示。

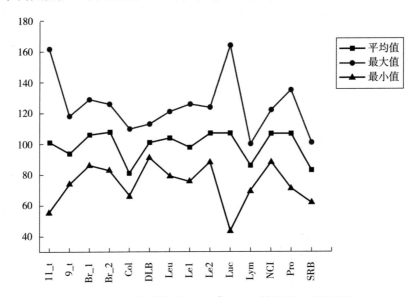

图 4-6　在 14 个数据集上 KMR^2IGWO 算法第一级降维效果

从图 4-6 能够看出每个数据集在 10 次运行后 K 值的情况，图 4-6 报告了每个数据集第一步降维后的特征个数情况，可以看出平均值都在 80～110。最大值都在 100 以上，其中有 2 个数据集（11_t 和 Luc）的最值超过了 160。最小值都低于 100，其中有 2 个数据集（Luc 和 11_t）的最值低于 60。从表 4-6 可以看出，这两个数据集的维数和实例个数都是最大的。根据公式（4-2），当参数 p 是正数时，这两个数据集的第一级降维的结果可能是最大的；当参数 p 是负数时，可能是最小的。因此，图 4-6 中的数据是合理的。

图 4-7 显示在 Leu 数据集上，K 和 LEN（表示最优特征子集长度）值之间的 10 次关系。从图 4-7 中可以看出，K 的值有 6 次超过 100，有 4 次小于 100。LEN 值在 3±1 的范围内是稳定的。当 K 的值超过 100 时，Len 有三个值（2、3、4）。当 K 的值小于 100 时，LEN 的值有两个（2、3）。多个 K 值为 K 值的多样性特征奠定了基础。同时，第二级降维算法具有很强的收敛性。

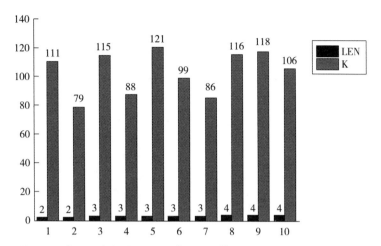

图 4-7　在 Leu 数据集上 KMR²IGWO 算法执行 10 次二级降维效果

二、适应度函数作用

在实验过程中，我们使用公式（4-6）作为适应度函数。在适应度函数测试方面，可以把数据集分成三类：第一类，适应度函数的平均值和最值都是 100%；第二类，适应度函数的值开始不是 100%，但是它的最值是 100%；第三类，适应度函数的最值不是 100%。这样分类的原因是：第一类情况，适应度函数与 a 和 b 的值关系不大；第二类情况，适应度函数开始部分与 a 和 b 的值有关系；第三类情况，适应度函数整个过程都与 a 和 b 的值有关。下面就三类数据集的适应度函数的使用效果分别阐述。

1. 第一类数据集

从表 4-11 和表 4-12 可以看出，5 个数据集（DLB、Leu、Le1、Le2 和 SRB）的 ACC 值为 100。由于 ACC 的值不会改变，所以适应度函数仅使用 b 等于 1 的部分。

在图 4-8 至图 4-10 中，横轴表示迭代次数，纵轴表示所选择的最优特征子集的长度和适应度函数值。在图 4-8 至图 4-10 中，有一个分界线（函数 $y = 1$），上面是 LEN 变化，下面是适应度函数的变化。

从图 4-8 至图 4-10 中可以看出，当迭代次数等于 1 时，五个数据集上的 LEN 值大于 30。随着迭代次数的增加，特征子集的 LEN 减小。当迭代次数达到

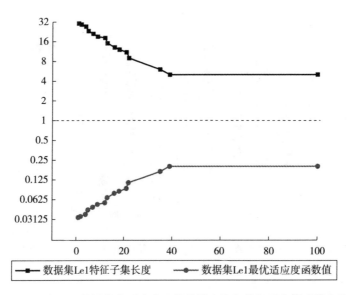

图 4-8 在 Le1 数据集中适应度函数的最大值和特征子集长度的变化

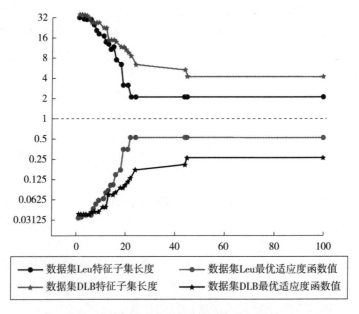

图 4-9 在 Leu 和 DLB 数据集中适应度函数的最大值和特征子集长度的变化

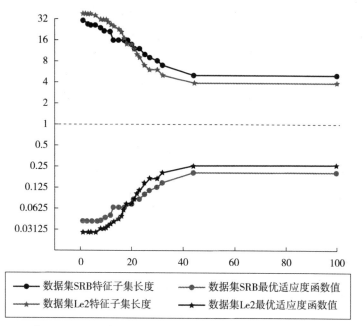

图例：
- ●━ 数据集SRB特征子集长度
- ●━ 数据集SRB最优适应度函数值
- ★━ 数据集Le2特征子集长度
- ★━ 数据集Le2最优适应度函数值

图 4-10　在 SRB 和 Le2 数据集中适应度函数的最大值和特征子集长度的变化

约 40 次时，LEN 的值下降到最小值并保持该值直到迭代结束。此时算法找到最大的适应度函数。适应度函数值的变化与 LEN 的值相反，它从最小值到最大值逐渐增加，然后保持最值直到迭代结束。

五个数据集的变化反映了公式（4-6）的第一种情况（a、ACC、b 的值都不变）。当 LEN 的值逐渐减小并且 ACC 恒定时，适应度函数的值变大。当参数（a 和 b）是固定值时，适应度函数的变化由 LEN 的变化确定。

2. 第二类数据集

这些数据集（Col、Lun、Lym、Pro、9-t）的适应度函数与 a 和 b 的值相关，并且 a 和 b 的值与 t_1 和 t_2 的值相关。这里，t_1 和 t_2 的值是 2。根据公式（4-6），a 等于 1000，b 等于 50。因为（$10-t_2 \times n$）大于 0，所以 n 小于 5。

从图 4-11 可以看出，该类型数据集的适应度函数值从小于 1000 开始，最终达到 1000 以上。在这个变化过程中，适应度函数值总是在上升，没有减少的现象。在 ACC 的值达到 100% 之前，两个参数（a 和 b）对适应度函数的值起作用。当 ACC 的值达到 100% 时，适应度函数值由 LEN 的值确定。同时，选择的适应度函数是正确的。

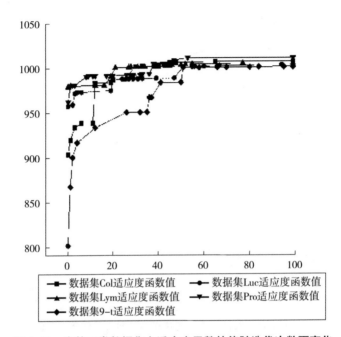

图4-11　在第二类数据集上适应度函数的值随迭代次数而变化

图4-12和图4-13显示了在Col、9-t、Luc和Pro数据集的迭代期间，当ACC和LEN同时递增（讨论1）或同时递减（讨论2）时，选择的适应度函数。在图4-12和图4-13中，X轴表示ACC的变化，当X大于0时，表示ACC的值增加，图4-12和图4-13中有7个点；当X小于0时，意味着ACC的值减小，只有3个点。图4-12和图4-13中的矩形表示LEN的实际变化，圆形表示LEN变化的最大值。正三角形表示当获得当前ACC和LEN时的适应度函数值，并且倒三角形表示获得的最优适应度函数值。如果正三角形和倒三角形重叠形成星形，则表示两个值相等，否则不相等。

从图4-12和图4-13中可以看出，当X大于0时，四个矩形小于圆形，表明LEN的增加不超过规定值。ACC和LEN是最优值，因此适应度函数值和最优适应度函数值是一致的。当X小于0时，矩形大于圆形，表明LEN的下降不符合要求，因此ACC和LEN不是最大值，适应度函数值比最优适应度函数值更小。当ACC和LEN同时增加或减少时，Col和9-t数据集的变化情况满足公式（4-6）讨论1和讨论2的内容。因此，这个结果证明了讨论1和讨论2是正确的。

第二类中有5个数据集，其中Lym数据集在迭代中不显示ACC和LEN的同

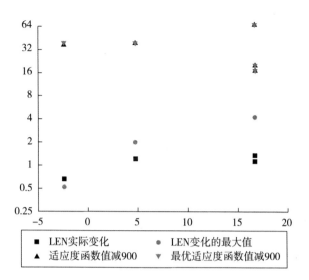

图 4-12 在 Col 和 9-t 数据集上讨论 1 和讨论 2 的变化

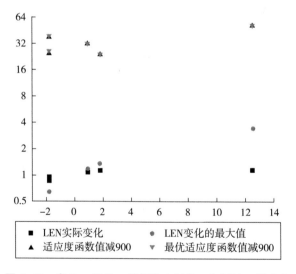

图 4-13 在 Luc 和 Pro 数据集上讨论 1 和讨论 2 的变化

时增加或同时减少。在 Lun 和 Pro 数据集中，当 ACC 减少值大于 5 时，没有最优的适应度函数值，因此不选择它。

3. 第三类数据集

第三类数据集（11-t、Br-1、Br-2、Nci）的适应度函数与 a 和 b 的值相关，a 和 b 的值与 t_1 和 t_2 的值相关。参数的值与第二类数据集用到的参数相同。图 4-14 显示了随着迭代次数的增加，每个数据集的适应度函数的变化情况。从图 4-14 可以看出，该类型数据集中的适应度函数值小于 1000。在变化的过程中，适应度函数值总是在上升，没有下降的趋势。参数（a 和 b）适用于适应度函数的值。同时，它表明正确选择了适应度函数。

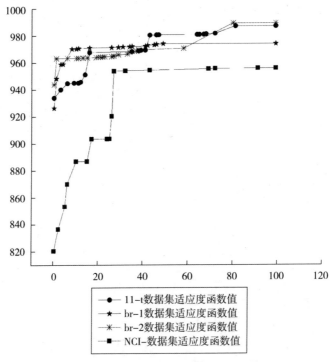

图 4-14　在四个数据集上适应度函数随迭代次数增加的变化情况

图 4-15 显示了在第三类数据集的迭代期间 ACC 和 LEN 的值递增或递减时选择适应度函数。方形表示 LEN 的实际变化，圆形表示 LEN 变化的最大值。适应度函数的最优值与每次迭代的适应度函数值之间的差异表示最优值的选择。为了清楚起见，适应度函数的值增加了 2。差值由正三角形表示。如果正三角形值等于 2，表示两个值相等。如果正三角形值大于 2，则意味着它不是此迭代中适应度函数的最优值。

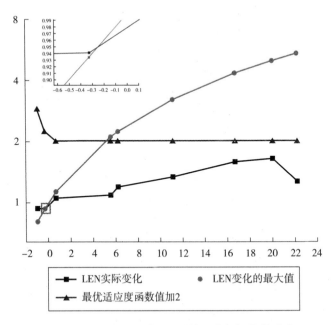

图 4-15　讨论 1 和讨论 2 对第三类数据集的更改

由于 t_1 的值为 2，所以当 LEN 的增加值不超过原始值的（$n×20\%$）倍时，适应度函数的值是最优的值，满足在讨论 1 中描述的内容。从图（4-15）可以看出，当 X 大于 0 时，圆点高于每一点的正方形，正三角形等于 2。由于 t_2 等于 2，当 LEN 减小的值小于原始值的（$n×80\%$）倍时，适应度函数的值是最优值，否则适应度函数值不是最优值。当 X 小于 0 时，方形大于圆点，这意味着 LEN 的下降不符合要求。从适应度函数的角度来看，该迭代产生的适应度函数值小于最优值。因此，这证明了讨论 1 和讨论 2 的正确性。

本章小结

在本章中，我们提出了一种新的混合特征选择算法，它结合了 KMR^2 和 IGWO 算法，分二级实现降维操作。第一级使用 KMR^2 将数据集中的特征数量从几千维或者上万维降低到 K 维，从而可以减少群智能优化算法（IGWO）的计算时间。K 个候选特征组成的新集合作为第二级降维的输入。在第二级降维操作中，IGWO 与 SVM 分类器组合并充当包裹式特征选择方法，十折交叉验证策略用于评估 KMR^{2}IGWO 算法的性能。结果表明，KMR^{2}IGWO 算法在 14 个微阵列数据集上比 mRMR+PSO、mRMR+BBA、mRMR+CS、mRMR+GA 四个算法具有更好的分类准确率。因此，所提出的算法在微阵列数据集中获得最短的特征子集长度和最优的分类准确度。

第五章

阈值调节的并列式特征选择算法

第三章和第四章的特点是把过滤算法和包裹算法混合在一起，分别在小数据集和微阵列数据集上取得了较好的分类效果。本章提出两个新的概念：最大值无变化次数（Maximum Value Without Change，MVWC）和阈值，用两者的大小关系来调节过滤算法和包裹算法的混合执行。

为了使过滤算法提供更多候选特征子集，以便包裹算法搜索到最优分类准确率。我们提出一个新的混合算法，它的名字是最大皮尔森最大距离改进的鲸鱼优化算法（Maximum Pearson Maximum Distance Improved Whale Optimization Algorithm，MPMDIWOA）。这个算法的主要创新点如下：

第一，根据皮尔森相关系数，提出一个过滤算法，称为最大皮尔森和最大距离（Maximum Pearson Maximum Distance，MPMD）。在算法中提出两个参数（r_1和r_2）用来调整相关性和冗余性的比重。

第二，修改鲸鱼优化算法。根据三个最优值的位置信息，使用投票法产生新的位置，使用所有维度信息的均值来代替随机数。

第三，用备二弃一法和随机化方法对种群初始化。

第四，提出最大值无变化次数和阈值（MVWC 和 Threshold）的概念。根据两者之间的变化情况，多次调用过滤算法，使包裹算法能够在多个候选特征子集中搜索到最优值。

在 UCI 机器学习的 10 个数据集上的实验证明，提出的算法比其他三个包裹算法和一个混合算法取得更好的分类准确率。

第一节　MPMDIWOA 算法

一、MPMD 过滤算法

本章提出了新的过滤算法 MPMD，用皮尔森相关系数（Pearson）来衡量标签和特征之间的相关性，使用相关距离（Correlation Distance）来衡量特征之间的冗余性。然后分别用两个参数（r_1 和 r_2）来协调相关性和冗余性的比重。

1. 最大皮尔森相关系数

在统计学里，皮尔森相关系数（Irene Rodriguez-Lujan et al., 2010）是广泛用于衡量两个向量间相关性的方法之一。它是根据两个向量的协方差矩阵来计算两个向量之间的相关性程度。假设给两个向量 $\boldsymbol{X}(x_1, x_2, x_3, \cdots, x_n)$ 和 $\boldsymbol{Y}(y_1, y_2, y_3, \cdots, y_n)$，它们的皮尔森相关系数为 $\rho(x, y)$，计算方法如公式（5-1）所示。

$$\rho(x, y) = \frac{\text{cov}(x, y)}{\sigma(x) \times \sigma(y)} \tag{5-1}$$

皮尔森相关系数的计算方法表达为两个向量的协方差除以标准差的乘积，其中 $\text{cov}(x, y)$ 表示 x 和 y 的协方差，$\rho(x)$ 表示向量 $\boldsymbol{X}$ 的标准差，$\rho(y)$ 表示向量 $\boldsymbol{Y}$ 的标准差。公式（5-2）、公式（5-3）和公式（5-4）分别用来计算 $\text{cov}(x, y)$、$\sigma(x)$、$\sigma(y)$。

$$\text{cov}(x, y) = \frac{\sum_{i=1}^{n}(x_i - \bar{x})(y_i - \bar{y})}{n} \tag{5-2}$$

$$\sigma(x) = \sqrt{\frac{\sum_{i=1}^{n}(x_i - \bar{x})}{n}} \tag{5-3}$$

$$\sigma(y) = \sqrt{\frac{\sum_{i=1}^{n}(y_i - \bar{y})}{n}} \tag{5-4}$$

分别给出标签向量和一个特征向量 $X(1, 2, 3, 4, 5, 6)$ 和 $Y(0.6, 1.8,$ $5.4, 3.9, 7, 10)$，经过计算 $\rho(x, y) = 0.9453$，两者的相关性非常高。再给出两个向量 $X_2(1, 2, 3, 4, 5, 6)$ 和 $Y_2(1.6, 0.8, 3.4, 6.9, 2, 1)$，经过计算 $\rho(x_2, y_2) = 0.0956$，两者之间的相关性非常低（见图 5-1 和图 5-2）。

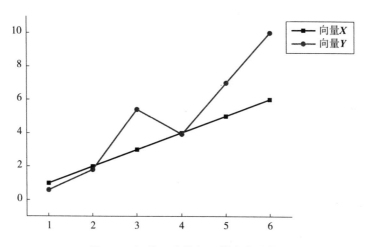

图 5-1　标签 X 和特征 Y 的变化趋势

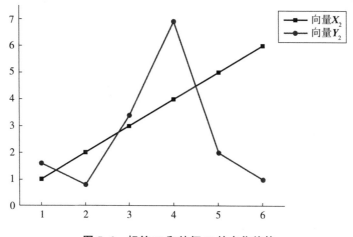

图 5-2　标签 X_2 和特征 Y_2 的变化趋势

从图 5-1 和图 5-2 可以看出，X 和 Y 的相关性比较大，X_2 和 Y_2 的相关性比较小。

在数据集中有多个特征，求与标签相关性最高的特征 F_i 通过公式（5-5）计算。

$$MP(F_{object},\ L) = \max(\rho(F_i,\ L)) \tag{5-5}$$

式（5-5）中，MP（F_{object}，L）表示特征集合到标签的最大皮尔森值，F_{object} 表示数据集中所有特征的集合，L 表示数据集中的标签向量，max 表示求最值函数，F_i 表示集合中第 i 个特征，$i=1,\ 2,\ \cdots,\ n$。

2. 最大相关距离

根据最大相关最小冗余的思想，不仅要考虑标签与特征之间的相关性还要考虑特征之间的相容性。特征间的相容性常用的衡量方法有互信息、欧式距离、余弦夹角等。本章使用相关距离（Correlation Distance）来衡量特征之间的冗余性。

相关距离是在相关系数基础上定义的。给出两个特征分别记作 F_i 和 F_j，其相关系数记作 ρ（F_i，F_j），其相关距离记作 D（F_i，F_j）。相关系数可以通过公式（5-1）计算获得。相关距离的定义式（5-6）：

$$D(F_i,\ F_j) = 1 - |\rho(F_i,\ F_j)| \tag{5-6}$$

相关系数的取值范围是 [-1, 1]，其绝对值表示两个向量的相关程度，因此在式（5-6）中为计算相关距离需要给相关系数增加绝对值。相关距离的值表示两个特征之间的冗余性，距离值越大表示特征的冗余性越高，特征的相关性越小。

给出两个特征分别为 F_1（0.6，1.8，5.4，3.9，7，10）、F_2（1.6，0.8，3.4，6.9，2，1），其相关距离 D（Y，Y_2）= 0.9135，表明两个特征的相关性很低，冗余性较高。

在特征选择的过程中，经常需要从一组特征中挑选出与已知的一个特征距离值最大的特征。根据两个特征的相关距离公式分别计算已知特征和一组中每一个特征之间的距离，并从中挑选出一个距离最大值的特征。

已知特征标记为 F_{know}，一组特征标记为 $F_{object} = \{F_1,\ F_2,\ \cdots,\ F_k,\ \cdots,\ F_n\}$，$k=1,\ 2,\ \cdots,\ n$。

$$MD(F_{know},\ F_{object}) = \max(D(F_{know},\ F_k))\quad k=1,\ 2,\ \cdots,\ n \tag{5-7}$$

式（5-7）中，MD（F_{know}，F_{object}）表示一个特征到一组特征的最大相关距离，对应着一个特征 F_k，max 表示求最大值函数，D（F_{know}，F_k）用公式（5-6）来计算。

两组特征之间的距离也需要通过两个向量之间的距离来计算。已知特征集合为 $G = \{g_1,\ g_2,\ g_3,\ \cdots,\ g_i,\ \cdots,\ g_m\}$，$i=1,\ 2,\ \cdots,\ m$。另一个目标集合为

$F_{object} = \{F_1, F_2, \cdots, F_k, \cdots, F_n\}$，$k = 1, 2, \cdots, n$。从目标集合中选出一个特征，使这个特征与已知特征集合的相关距离值是最大值。

$$MD(G, F_{object}) = \max(D(G, F_k)) \quad k = 1, 2, 3, \cdots, n \quad (5-8)$$

式（5-8）中，MD（G，F_{object}）表示目标集合到已知集合相关距离的最大值，对应着一个特征 F_k，max 表示求最大值函数，G 表示已知特征集合，F_{object} 表示目标特征集合，D（G，F_k）根据公式（5-9）计算，F_k 是集合 F_{object} 中的元素。

$$D(G, F_k) = \frac{\sum_{i=1}^{m} D(g_i, F_k)}{m} \quad (5-9)$$

式（5-9）中，m 表示特征集合 G 中元素的个数，g_i 是 G 中的元素。

通过公式（5-7）和公式（5-8）能够实现以最大距离的方式把数据集中的特征逐个选出来。在这个过程中不能只考虑相关距离，还要考虑特征和标签之间的相关性。在综合考虑两个方面的时候，就需要整合一下相关性和相关距离。

3. 最大皮尔森相关系数和最大相关距离

上面介绍了最大皮尔森相关系数和最大相关距离，两者相加合并成公式（5-10）。为改变过滤算法中两者同等重要的情况，引入 r_1 和 r_2 分别作为两者的权重。这个公式的作用是给每个特征打分。最后按照分值的降序输出特征的序列。

$$MPMD(g_i) = \begin{cases} r_1 \times MP(F_{object}, L) & i = 0 \\ r_1 \times MP(F_{object}, L) + r_2 \times MD(g_1, F_{object}) & i = 1 \\ r_1 \times MP(F_{object}, L) + r_2 \times MD(G, F_{object}) & i > 1 \end{cases} \quad (5-10)$$

式（5-10）中，F_{object} 表示等待选择的特征集合，L 表示数据集的标签向量，G 表示已经选择的特征集合，其中 g_1 表示第一个选择的特征。$i = 0$ 表示没有选择任何特征，$i = 1$ 表示只选择了一个特征，$i > 1$ 表示至少已经选择了两个特征。MP（F_{object}，L）用公式（5-5）计算，MD（g_1，F_{object}）用公式（5-7）计算，MD（G，F_{object}）用公式（5-8）计算，r_1 和 r_2 分别用公式（5-11）和公式（5-12）来计算。

$$r_1 = \cos\left(\frac{t \times 1.57}{T}\right) \times 10 \quad (5-11)$$

$$r_2 = \sin\left(\frac{t \times 1.57}{T}\right) \times 10 \quad (5-12)$$

在式（5-11）和式（5-12）中，t 表示当前的迭代次数，T 表示全部迭代次数，1.57 是常数。从图 5-3 中可以看出 r_1 和 r_2 的变化趋势。r_1 从最大值 10 逐渐变小到 0，r_2 从最小值 0 逐渐变大到 10。r_1 是逐渐减少的，r_2 是逐渐增加的。两者在 $t=50$ 时是相等值，而且 r_1 逐渐减小的值的逆序正是 r_2 逐渐增大的值。根据 r_1 和 r_2 表示的权重，从曲线上可以看出，在 $t<50$ 时，皮尔森的相关性作用大于相关距离，在 $t>50$ 时，相关距离的作用更大一些。

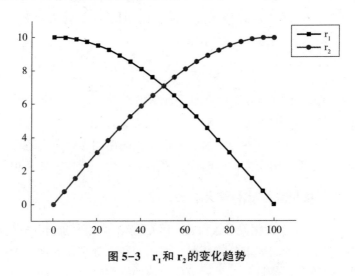

图 5-3 r_1 和 r_2 的变化趋势

MPMD 算法伪代码如表 5-1 所示，流程如图 5-4 所示。

表 5-1　MPMD 算法伪代码

行号	伪代码-MPMD 算法
1	Input Parameter：the number of feature：W；r_1，r_2，L，feature set：F_{object}，i=0
2	Output：the order of feature
3	Select feature g_1 from F_{object} according to formula（5-10）（i=0）
4	G= $\{g_1\}$，F_{object} = F_{object}-G，i=i+1
5	Select feature g_2 from F_{object} according to formula（5-10）（i=1）
6	G= $\{g_1$，$g_2\}$，F_{object} = F_{object}- $\{g_2\}$，i=i+1
7	While i<w
8	Select feature g_{i+1} from F_{object} according to formula（5-10）（i>1）

续表

行号	伪代码–MPMD 算法
9	$G = G + \{g_{i+1}\}$
10	$F_{object} = F_{object} - \{g_{i+1}\}$
11	$i = i + 1$
12	Wend

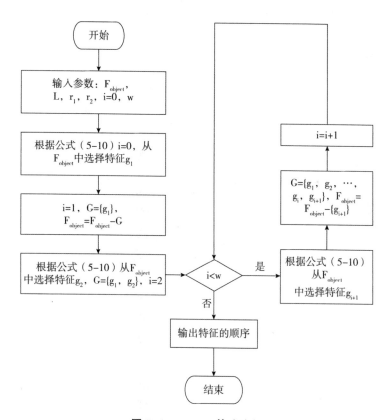

图 5-4 MPMD 算法流程

图 5-4 中输入的参数 F_{object} 表示数据集中的所有特征集合，这个集合中的特征数量逐渐减少，直到空为止。L 表示标签向量，r_1 和 r_2 根据公式（5-11）和（5-12）在迭代中产生。i 表示从 F_{object} 中选出特征的个数，W 表示数据集中特征的数量。

二、投票法跳出局部最优

在连续型鲸鱼优化算法中，p 表示座头鲸在选择缩小的环绕机制或螺旋模型来更新鲸鱼的位置时使用的概率，在连续型算法中 p 直接取随机数。座头鲸的下一步变化是由它的位置信息来决定的，位置是由多个维度来决定的，因此用一个随机数 p 来做决定选择是不够全面的。在本章的离散型 WOA 算法中，所有维度分别取随机数，然后用所有维度随机数的平均值作为 p 值来决定选择内容。

$$p = \frac{\sum_{i=1}^{n} featurep(i)}{n} \tag{5-13}$$

在式（5-13）中，$featurep(i)$ 是在 0~1 的随机数，表示第 i 个特征的选择权，n 表示数据集中特征的数量。

在连续型 WOA 算法中，当 A 的绝对值大于等于 1 时，随机选择一个鲸鱼，让这条鲸鱼的位置（X_rand）影响当前的位置。随机选择的鲸鱼可能代表解的最优值，也可能代表解的最差值，具有不确定性，而且无法促进当前位置向着最优位置靠近。如果把最优值作为对当前位置的影响，可能会陷入局部最优。在本章中，位置更新后保存前三个最优值的位置。根据三个保存的位置用投票的方法产生一个新的位置，然后用这个新的位置来影响当前位置的更新。投票法的思想是：对于某个解路径上的某个维度的值有两个（v_1 或者 v_2），有奇数个决策者，每个决策者根据自己了解的情况，选择一种状态。所有的决策者选择后，有一种状态选择的数量是最多的，这个状态就是这个位置的值。为表达投票算法的数学模型，我们引入两个集合：P_value = $\{V_1, V_2\}$、Voter = $\{vot_1, vot_2, vot_3, \cdots, vot_n\}$，$n = 2 \times j + 1$，$j = 1, 2, 3, \cdots$，$j$ 是自然数。

图 5-5 中 v_1c（v_1count）表示选择状态 V_1 的数量，v_2c（v_2count）表示选择 V_2 的数量。

用公式（5-14）表达投票法的最终结果。

$$position = \begin{cases} v_1 & v_1count > v_2count \\ v_2 & otherwise \end{cases} \tag{5-14}$$

在式（5-14）中，$position$ 表示某一个维度的值。

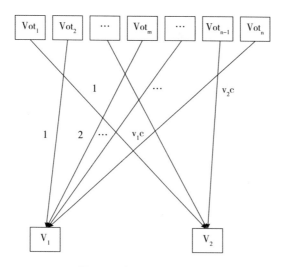

图 5-5 投票方法示意图

在本书中，$v_1=0$，$v_2=1$，$n=3$。决策者的投票结果有八种情况，每种情况的最终结果如表 5-2 所示。在 IWOA 算法中，用投票法产生的位置不是当前迭代中实际存在的位置，而是根据当前最优值推测出来的位置。此算法为进一步展开搜索奠定基础，为找到最后的最优值提供指导。

表 5-2 投票方法显示效果

序号	投票结果的数值组合	新位置对应的维度取值
1	0 0 0	0
2	0 0 1	0
3	0 1 0	0
4	0 1 1	1
5	1 0 0	0
6	1 0 1	1
7	1 1 0	1
8	1 1 1	1

三、MPMDIWOA 算法模型

本部分主要介绍了该算法的框架、阈值的变化、种群的初始化方法、伪代码和算法流程图。

1. 算法框架

在优化算法中，找不到最优值的原因常常是算法陷入局部最优。为防止这种现象的发生，在本章中提出了最值无变化次数阈值框架，该算法的框架如图 5-6 所示，整个算法是一个包含五个部分的循环。在图 5-6 中，清楚地展示了循环的每个部分。第一步是计算阈值。第二步是判断最值无变化次数（MVWC）与阈值的关系，这两步在每次循环中都执行。第三步是过滤算法，它不会在每次迭代中执行。第四步是计算适应度函数的值和使用群智能优化算法更新位置。第五步是更新 MVWC 的值。

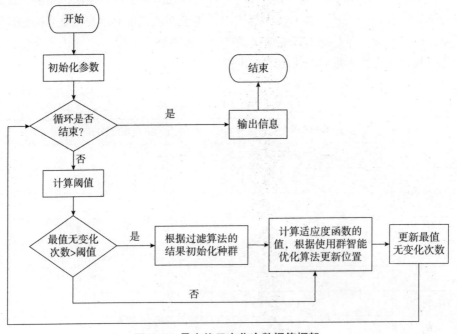

图 5-6 最大值无变化次数阈值框架

在整个框架中，最关键的部分是第三步。仅当 MVWC 大于阈值时才执行过滤算法。过滤算法执行后形成的候选特征子集提供给包裹算法。基于候选特征子集，包裹算法在迭代后找到局部最优值。当这个最优值在多次迭代（MVWC >阈值）保持不变时，将再次执行过滤算法。在新生成的候选特征子集中，包裹算法继续寻找局部最优值。在多次执行过滤算法后，该算法突破局部最优，得到全局最优值。在循环结束时，输出信息是最优值。

在图 5-7 中 *MVWC* 的初值为 1，阈值的初值为 0。因此，在第一次迭代时，执行筛选算法。阈值不是一个固定值，它随迭代次数的变化而变化。阈值的计算方法如公式（5-15）所示：

$$threshold = \left\lfloor \left| \frac{t \times t - 100t + 1350}{100} \right| \right\rfloor + \lceil 5 \times rand( ) \rceil \qquad (5-15)$$

在式（5-15）中，*threshold* 表示阈值，*t* 表示当前的迭代次数，*rand*（ ）是 [0, 1] 的随机数，| | 表示取绝对值，⌊ ⌋ 表示向下取整，⌈ ⌉ 表示向上取整。阈值的变化情况如图 5-7 所示。

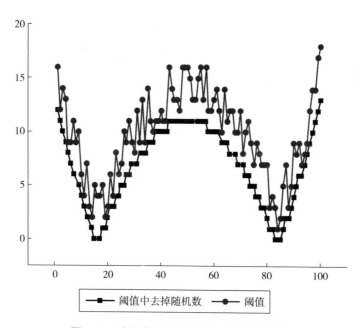

图 5-7　随着迭代次数的增加阈值变化情况

从图 5-7 中可以看出，圆点表示阈值的实际变化，方框表示从阈值中去掉随机数后的变化过程。从方框的变化可以看出，阈值在整个迭代过程中有两个拐点。整个变更过程可以在 50 次迭代时分成两个对称的部分。每个部分的阈值变化是相似的。阈值一开始比较大，然后先减小再增大。虽然圆点的变化不像方框那么明显，但从公式（5-15）中可以看出，在方框上加一个随机数就可以得到圆点。因此，我们可以根据方框变化的趋势得出圆点基本变化的结论。

当阈值较大时，通过多次迭代可以找到最优值。当阈值较小时，通常采用过滤算法。新的种群是通过重新调整不同的特征组合而形成的，从而达到跳出局部最优的情况。阈值的反复变化过程使算法不断突破局部最优，最终得到全局最优。

在调用过滤算法时，引入参数 r_1 和 r_2，实现特征顺序的连续调整。因此，该过滤算法提供的候选特征子集具有多样性。两个参数的变化如图 5-3 所示。

2. 备二弃一法和随机化方法

在群智能优化算法中，初始种群的选择直接影响算法的收敛速度和全局的最值。本章在充分考虑了过滤算法对特征排序变化的情况下，对种群的初始化采用了备二弃一法（Alternative Two Lost One，ATLO）和随机法。两种方法初始化种群的数量相同。一半种群采用 ATLO 方法进行初始化。备二弃一法是把过滤算法排序后的特征平均分成三部分。最后面的序列所在的第三部分舍弃，不作为初始化种群选择的内容。前两部分特征作为备选的特征，随机选择不定数量的特征作为初始化种群。另一半种群按照随机方法进行初始化。

图 5-8 显示出备二弃一法对过滤算法排序后的特征选择情况。图 5-8 中 NS_1，NS_2，$\cdots$，NS_j 表示特征经过过滤算法排序后的第三部分特征，这些特征在种群初始化时都不选择，其下方用 N 表示；PS_1，PS_2，PS_3，PS_4，$\cdots$，PS_{i-1}，PS_i 表示备选择的前两部分，经过随机选择后，在特征下面用 N 表示不选择，用 Y 表示选择。i 和 j 的数值由公式（5-16）计算出来。

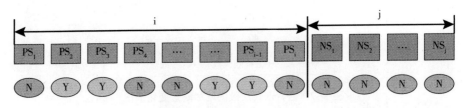

图 5-8　备二弃一法对过滤算法排序后的特征选择情况

$$i = \left\lfloor \frac{2 \times \dim}{3} \right\rfloor \quad j = \dim - i \tag{5-16}$$

在式（5-16）中，dim 表示数据集中特征的数量，$\lfloor \ \rfloor$ 表示向下取整。

图 5-8 中 PS_i 和 NS_j 都表示数据集中的特征。在过滤算法计算后，这些特征按照 MPMD 计算结果降序排序。其中，PS 表示备选的特征，数量占总特征数的 2/3；NS 表示不选择的特征，数量占总特征数的 1/3。在每个特征的下面有椭圆形的"Y"或"N"，表示这个特征是否被选择。从图 5-8 中可以看出 NS 的下面都是"N"，表示这些特征都不选择。PS 下面有"Y"还有"N"，表示有些特征被选中。

图 5-8 虽然给出了特征的选择情况，但是图 5-8 中显示的特征顺序是经过过滤算法排序后的，不是数据集中对应的特征顺序。每次过滤算法的排序结果是不一致的，为便于不同排序结果的数据交换使用，需要把备二弃一法初始化的特征顺序转化成数据集中的特征顺序。转化过程如图 5-9 所示。

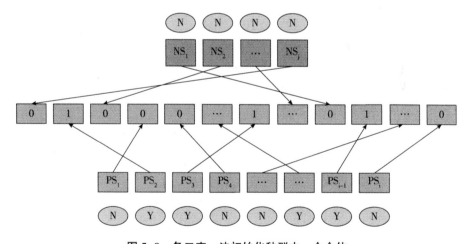

图 5-9　备二弃一法初始化种群中一个个体

在图 5-9 中有三行矩形，最上面的矩形表示不选择的 1/3 特征。最下面的矩形表示备选的 2/3 特征。中间的矩形表示初始化种群中一个个体的特征选择情况，这时特征的顺序是数据集中特征的先后顺序。

随机法初始化特征的策略用公式（5-17）表示。

$$position(i,\ j) = \begin{cases} 1 & rand(\ ) \geqslant 0.5 \\ 0 & otherwise \end{cases} \tag{5-17}$$

在式（5-17）中，*position* 表示初始化种群的位置，*i* 表示第 *i* 行，*j* 表示第 *j* 列，*rand*（）是随机数在 [0, 1]。

两种方法初始化种群的效果如图 5-10 所示。在中间的大矩形区域表示种群，种群的数量为 *N*，特征数量用 k 表示。把种群分成两部分：第一部分用备二弃一法进行初始化，图中用浅颜色的区域表示；第二部分用随机法初始化，图中用深颜色的区域表示。经过两种方法初始化的种群具有良好的多样性，为提高收敛速度、快速找到最优值奠定基础。

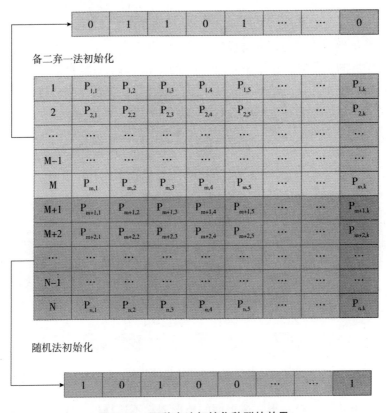

图 5-10　两种方法初始化种群的效果

3. MPMDIWOA 算法的伪代码和流程

本章提出算法的流程如图 5-11 所示。表 5-3 是 MPMDIWOA 算法伪代码。

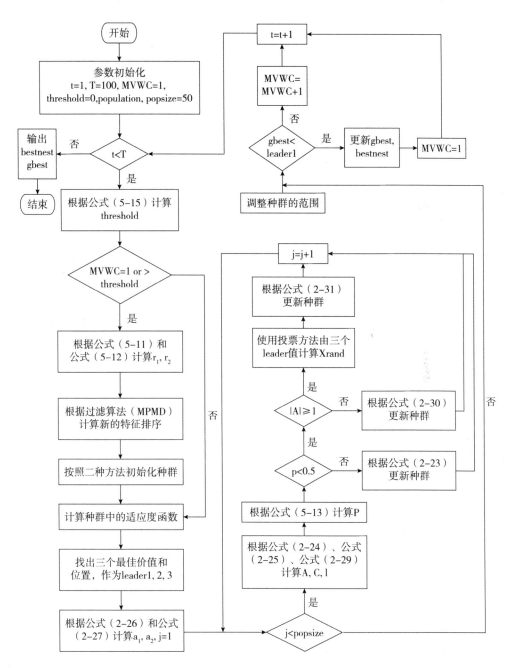

图 5-11　MPMDIWOA 算法流程

表 5-3 MPMDIWOA 算法伪代码

行号	伪代码-MPMDIWOA 算法
1	Input: dataset, t=1, T=100, MVWC=1, threshold=0, population, popsize=50
2	Output: bestnest, gbest
3	While t<T
4	Calculate threshold according to formula (5-15)
5	If MVWC=1 or MVWC> threshold
6	Calculate r_1, r_2 according to formula (5-11, 5-12)
7	Calculate new ordered features by filter method
8	Initialize population according to two methods
9	Endif
10	Calculate fitness function in population
11	Find out the three best value and position as leader1, leader2, leader3
12	Calculate a_1, a_2 according to formula (2-26, 2-27)
13	While j<popsize
14	Calculate A, C, l according to formula (2-24, 2-25, 2-29)
15	Calculate p according to formula (5-13)
16	If p<0.5
17	If $\mid A \mid \geqslant 1$
18	Calculate X_{rand} use vote method by three leader
19	Update population according to formula (2-31)
20	else
21	Update population according to formula (2-30)
22	Endif
23	else
24	Update population according to formula (2-23)
25	Endif
26	Wend

行号	伪代码-MPMDIWOA 算法
27	Ajustpopulation range
28	If gbest<leader1
29	Update gbest，bestnest
30	MVWC = 1
31	else
32	MVWC = MVWC+1
33	Endif
34	Wend

第二节　实验结果

一、数据集

为了实现所呈现的 MPMDIWOA 算法的优越性，从 UCI 机器学习数据库中选择十个数据集，即 Automobile、Breast Diagnostic、Breast Prognostic、German、Hill-Valley、Ionosphere、Ozone Level、Parkinsons、SPECTF Heart 和 Sonar 进行一系列测试，表5-4 描述了这些数据集的详细信息。从表5-4 中可以看出九个数据集是两个分类，一个数据集是六个分类；数据集中的实例数介于 195~1000；数据集中的特征数介于 22~100。

表 5-4　在实验中使用的数据集介绍

序号	数据集名称	分类数量	例子数量	特征数量	简写
1	Automobile	6	205	25	Au
2	Breast Diagnostic	2	569	30	BD

序号	数据集名称	分类数量	例子数量	特征数量	简写
3	Breast Prognostic	2	198	34	BP
4	German	2	1000	24	Ge
5	Hill-Valley	2	606	100	HV
6	Ionosphere	2	351	34	Io
7	Ozone Level	2	2536	73	OL
8	Parkinsons	2	195	22	Pa
9	SPECTF Heart	2	267	43	SH
10	Sonar	2	208	60	So

二、包裹和混合算法的实验参数设置

将包裹式特征选择方法的算法（简称包裹算法）和混合式特征选择方法的算法（简称混合算法）与提出的 MPMDIOWA 算法进行比较。包裹算法的性能取决于分类器和参数设置。从前人研究（Mafarja et al., 2018）可以看出，当迭代次数为 100 次并且执行次数为 10 次时，分类效果更好。为了获得更好的分类效果，种群数量设置为 50。

在 MPMDIWOA 算法中，迭代次数为 100，种群个数为 50。每个数据集测试 10 次，平均或最大值分类准确率作为结果进行比较。一些研究人员已经研究了包裹算法和混合算法，但是很难找到与 MPMDIWOA 算法完全相同的其他算法。为了进行公平比较，我们重现了两种类型的算法（包裹算法和混合算法）。在这些算法中，迭代次数、种群数量和平均分类准确率的计算方法与 MPMDIWOA 相同。

在包裹方法中，PSO、GA、BBA、MVO 的初始参数和实现方法来自前人的研究（Akadi et al., 2011；Liu et al., 2018；Mirjalili et al., 2016；Mirjalili et al., 2017；Yang Bin et al., 2017；Alickovic et al., 2017；Vieira et al., 2013）。

每个包裹类型算法的详细参数值为：对于 PSO，粒子数为 50，最大重量值（w_{max}）为 0.9，最小重量值（w_{min}）为 0.4，系数（c_1 和 c_2）为 2，最大迭代次数（i）为 100；对于 GA，染色体数（N）为 50，交叉概率（P_c）为 0.7，突变概率（P_m）为 0.02，最大迭代次数（i）为 100；对于 BBA，蝙蝠数量（N）为 50，响度（L）为 1.5，脉冲率为 0.5，频率最大值（Q_{max}）为 1，频率最小值（Q_{min}）为 0，最大迭代次数（i）是 100。

在混合算法中，MPMD 算法用作过滤算法，MVO 算法用作包裹算法。对于 MVO，宇宙的数量为 50，上边界为 1，下边界为 0。虫洞存在概率的最大值为 1，虫洞存在概率的最小值为 0.2，最大迭代次数（i）为 100。

在这项研究两种类型的算法（包裹方法和混合方法）中，适应度函数已替换为 SVM 分类器。基于 SVM 分类器的具有最高分类准确率的特征子集是该问题的解决方案。换句话说，找到了最优特征子集。径向基函数（RBF）用作 SVM 模型的核函数。通过网格搜索（grid search）方法选择惩罚参数 C 和 RBF 参数。

在表 5-4 中提到的十个数据集的分类准确性测试中，使用 10 组交叉验证技术。该技术由 10 个循环组成。在每个循环中，数据集被分成 10 组，其中 9 组用于训练，最后 1 组用于测试。由于每个循环产生一个分类准确率，通过平均 10 个循环的分类准确率可以获得适应度函数的结果。

三、实验结果与比较

在该实验中，使用 10 个数据集和 5 个算法。每个算法在每个数据集上运行 10 次。选择每个算法在每个数据集上取得的最大分类准确率，并且选择其特征子集长度。选择的结果如表 5-5 所示。选择每个算法的每个数据集中特征子集的平均分类准确率和平均长度，如表 5-6 所示。

表 5-5　五个算法在 10 个数据集上的分类最大值

序号	数据集	特征数量	GA		BBA		PSO		MPMDMVO		MPMDIWOA	
			ACC	len	ACC	len	ACC	len	ACC	len	ACC	len
1	Au	25	67.15	10	70.99	11	86.36	10	84.33	25	86.98	13
2	BD	30	98.42	19	98.59	15	98.60	10	98.60	24	98.77	23
3	BP	34	83.03	18	83.03	16	83.74	12	85.42	23	86.45	18
4	Ge	24	76.30	11	78.20	14	77.50	12	78.50	24	78.50	19
5	HV	100	51.98	50	53.99	53	72.45	23	79.71	98	83.49	48

续表

序号	数据集	特征数量	GA		BBA		PSO		MPMDMVO		MPMDIWOA	
			ACC	len	ACC	len	ACC	len	ACC	len	ACC	len
6	Io	34	96.20	15	97.13	17	96.88	10	96.87	19	97.17	13
7	OL	73	97.12	26	97.12	28	97.12	22	97.16	58	97.16	2
8	Pa	22	89.83	12	90.00	15	97.95	11	97.97	20	98.50	13
9	So	60	74.88	24	79.87	27	93.76	22	92.81	58	95.67	31
10	SH	43	86.25	17	83.75	26	84.66	20	83.15	25	86.95	22

表 5-6 五个算法在 10 个数据集上的分类平均值

序号	数据集	特征数量	GA		BBA		PSO		MPMDMVO		MPMDIWOA	
			ACC	len	ACC	len	ACC	len	ACC	len	ACC	len
1	Au	25	64.87	13.3	68.29	11.2	84.86	7.6	82.91	20.9	86.13	15.10
2	BD	30	98.02	18.3	98.27	17.4	98.46	13.0	98.38	25.5	98.65	20.80
3	BP	34	81.53	18.5	82.43	18.5	83.26	13.9	85.32	25.5	85.89	22.20
4	Ge	24	75.40	12.3	77.44	12.3	77.00	12.9	75.73	21.9	78.43	21.30
5	HV	100	51.10	51.7	53.19	46.3	71.58	30.3	77.04	78.8	81.58	54.90
6	Io	34	95.78	18.3	96.49	19.0	96.46	13.5	96.23	25.3	97.07	16.30
7	OL	73	97.12	33.6	97.12	32.8	97.12	21.8	97.15	49.1	97.16	21.50
8	Pa	22	88.55	13.4	89.33	12.0	97.31	10.8	97.19	18.4	98.13	13.50
9	So	60	71.67	27.4	77.48	28.6	91.54	20.8	90.62	50.4	94.49	35.70
10	SH	43	82.70	22.9	80.56	23.1	84.19	15.5	82.54	30.6	85.75	22.90

表 5-5 和表 5-6 表明 MPMDIWOA 在 10 个数据集中实现了最高和平均分类准确率。在 BD、OL、Pa、SO 和 Io 数据集中，MPMDIWOA 算法的分类准确率更高达 95%。而在 Au、HV、So、BP 和 SH 五个数据集中，MPMDIWOA 算法的分类准确率也比其他算法至少高出 1%。除 OL 外，通过 MPMDIWOA 算法获得的特征子集长度与其他算法相比，它不是最短的，也不是最长的。

在提出的算法中引入了最大值无变化次数和阈值的概念，它们把过滤算法和包裹算法有效地混合在一起。包裹算法能够在一个候选特征子集的基础上寻找到局部最优值。当这个值经过一定次数的迭代仍然没有变化时，算法主动调用过滤算法，产生另一个不同的候选特征子集。包裹算法基于这个新的候选特征子集寻找局部最优值。因此，本算法在主动跳出多个局部最优的情况下，找到了全局最优值。

在包裹算法中也有跳出局部最优的机制，但是这种机制是由群智能优化算法本身实现的，而且随机性非常强。与包裹算法相比，所提出来的算法跳出局部最优的机制是由公式（5-17）来支持的，而且由于 r_1 和 r_2 参数的引入，提供了差异性很强的候选特征子集。因此，包裹算法取得的 ACC 值要小一些。

与 MPMDMVO 算法相比，MPMDIWOA 算法在种群初始化方面占有很大优势。在 MPMDMVO 算法中，只采用了随机法对全部种群初始化。但是，在提出的算法中，采用了备二弃一法和随机法同时为种群初始化。尤其是在 ATLO 方法中，过滤算法排在前面的特征作为备选特征，极大提高了搜索效率，为获得最优分类准确率提供了依据。因此，提出的算法取得的 ACC 值要大一些。

第三节　实验分析

一、阈值调节的过滤算法执行情况

从上文中可知在整个算法执行过程中，过滤算法调用的次数表示提供候选特征子集的数量。在实验中，MPMDIWOA 算法在每个数据集上运行 10 次后，统计出过滤算法的执行次数，并把统计结果用图 5-12 表示出来。

在图 5-12 中，X 轴表示数据集运行的次数，取值范围为 1~10。Y 轴表示 10个不同的数据集。Z 轴表示在数据集运行期间执行过滤算法的次数。当数据集被执行 10 次时，每个数据集执行过滤算法的次数是不同的。执行的最大次数是 12次，最小次数是 6 次。由图 5-12 可知，迭代次数（T）为固定值，取值为 100。Z 值越大，过滤算法提供的不同特征子集的数量就越多。因此，包裹算法可以获得更多的局部最优值。Z 值越小，调用过滤算法的次数越少，包裹算法在局部最优值中的更新次数越多。综上所述，无论 Z 值是大是小，包裹算法都可以获得更多的局部最优值，最终得到全局最优值。

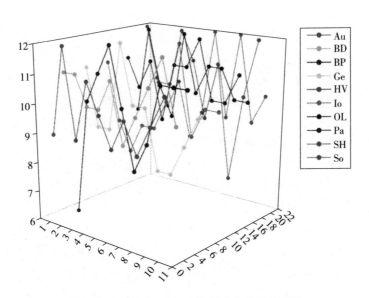

图 5-12　过滤算法在每个数据集上的调用次数

在实验中每个数据集被执行 10 次，每次过滤算法调用的次数如图 5-12 所示。每次调用过滤算法后，最大值无变化次数（MVWC）在不断变化。每个数据集的变化情况都不一样。数据集被执行 10 次以后，如果把阈值的变化画在一张图上是很难看清楚的。为了能够清晰地表达阈值的变化情况，在每个数据集中，如果调用过滤算法次数相同值有多个，只保留一次。例如：从图 5-12 中可以看出 Au 数据集调用过滤算法有 4 个是 9 次，3 个是 10 次，2 个是 11 次，1 个是 12 次。换句话说，有 4 次值是 9，有 3 次值是 10，有 2 次值是 11，有 1 次值是 12。因此，Au 数据集阈值的变化情况图中只显示 4 条线，分别表示 9 次、12 次、11 次、10 次。

图 5-13 至图 5-22 显示了 10 个数据集阈值变化情况。每个图中 X 轴表示在一次执行期间阈值的变化次数，Y 轴表示不同的执行次数，Z 轴表示阈值的值。在 10 次执行中，每个数据集选择了一些有代表性的情况，每个曲线代表不同的执行次数。可以看出，阈值的最大值 18 和最小值 2，在每个数据集中都出现过。阈值经历了两次折线变化。第一次从最大值逐渐变小后再增加到较大值，第二次由较大值开始逐渐减小后都有增大。但是，第二次折线后的增大值各条曲线是不同的，有的增大到较大值，有的略微增大。

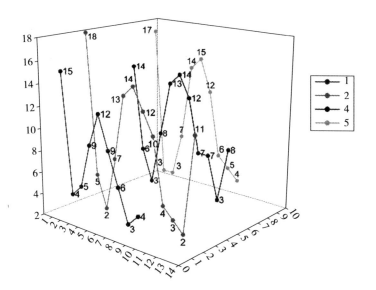

图 5-13　执行时阈值变化情况_Au 数据集

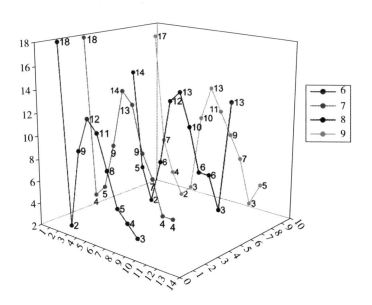

图 5-14　执行时阈值变化情况_BD 数据集

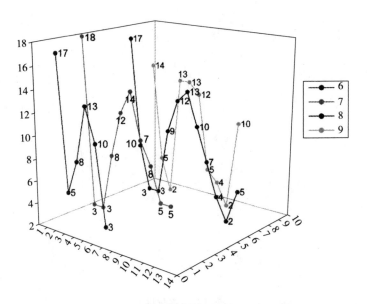

图 5-15 执行时阈值变化情况_BP 数据集

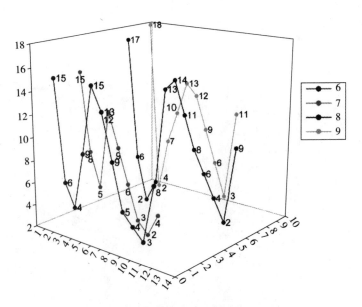

图 5-16 执行时阈值变化情况_Ge 数据集

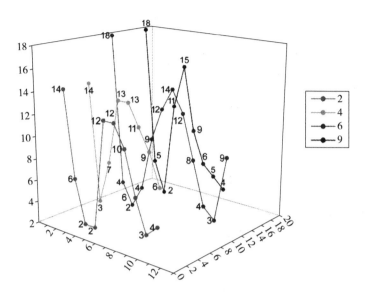

图 5-17 执行时阈值变化情况_HV 数据集

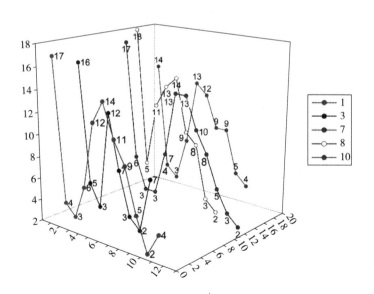

图 5-18 执行时阈值变化情况_Io 数据集

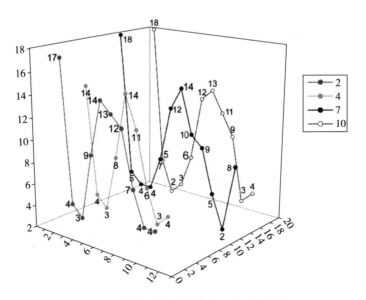

图 5-19　执行时阈值变化情况_OL 数据集

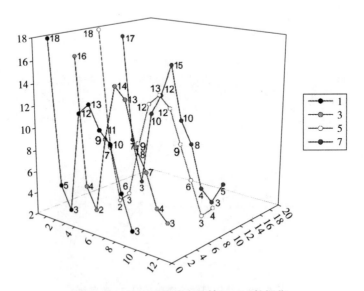

图 5-20　执行时阈值变化情况_Pa 数据集

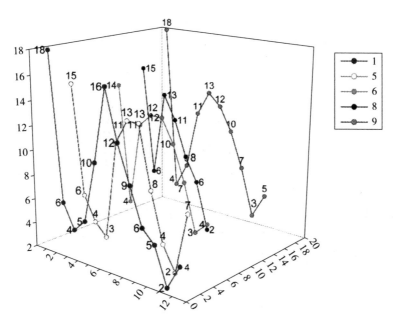

图 5-21　执行时阈值变化情况_SH 数据集

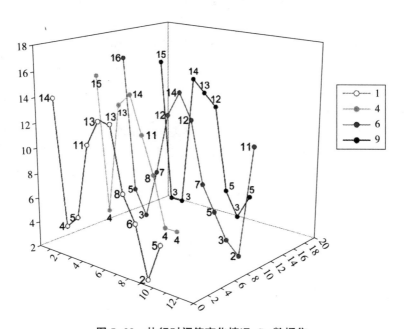

图 5-22　执行时阈值变化情况_So 数据集

从公式（5-15）可以看出，阈值（Threshold）的值由两部分组成：第一部分的最大值是 13，最小值是 0；第二部分的最大值是 5，最小值是 1。因此，阈值的值范围是 1~18。从图 5-13 至图 5-22 可以看出，阈值的值都是合理的。

阈值反映出群智能算法迭代时对某一个位置的搜索情况，其值较大时表示在特征子集空间上的深度搜索，其值较小时表示在特征子集空间上广度搜索。从图 5-13 至图 5-22 的曲线可以看出在执行数据集时深度搜索和广度搜索交替进行，最后阶段是两者情况之一。这样的搜索有助于找到最优分类准确率。

从图 5-13 至图 5-22 可以看出，阈值第一个值在整条曲线中是最大的，第二个值比较小，两者之间差距较大。在第二个阈值出现之前，程序在一个候选特征子集的基础上搜索局部最大值。从图 5-7 中可以看出，阈值是从最大值开始，在接近 20 次迭代时才出现最小值。因此，从理论上讲，算法应在第一个候选子集的基础上进行深度搜索。

二、最值无变化次数与阈值的变化关系

阈值的变化情况与 MVWC 的值密切相关。下文把每个数据集一次执行时阈值与 MVWC 的变化情况显示出来。

图 5-23 至图 5-32 显示了每个数据集在执行时 MVWC 与阈值之间的变化情况。每个图中 X 轴表示迭代次数，从 1~100；Y 轴表示 MVWC 和阈值的值，从 1~20。每个图中的虚线的变化趋势非常像字母"W"。虚的线从较大值开始，变小后变大，像一个"V"字，虚线的变化没有结束，继续变小后再变大。因此虚线的变化趋势可以用两个相连的"V"字表示。实线的值从 1 开始逐渐增加，当某次迭代中超过了虚线的值，实线的值就回到 1。随着迭代的增加，实线的值继续上升，直到下次超过虚线。

从图 5-23 至图 5-32 中可以看出，在虚线两次取得最小值时，实线回到 1 时的次数明显增加。当实线的值为 1 时，可能有两种情况：其一是最大值发生变化，最大值不变次数需要重新计算；其二是最大值不变次数超过了阈值，需要调用过滤算法，重新形成候选特征子集，开始新的搜索。无论是哪种情况，都表明算法在进行深度或广度搜索。

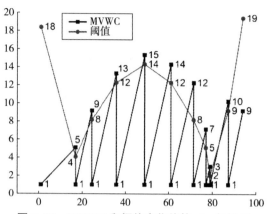

图 5-23　MVWC 和阈值变化趋势_Au 数据集

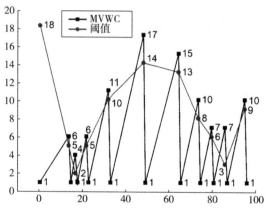

图 5-24　MVWC 和阈值变化趋势_BD 数据集

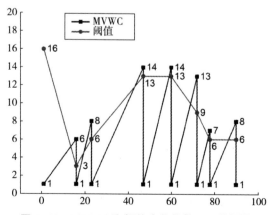

图 5-25　MVWC 和阈值变化趋势_BP 数据集

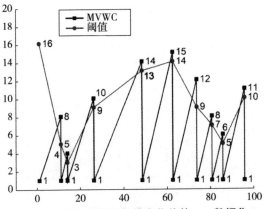

图 5-26　MVWC 和阈值变化趋势_Ge 数据集

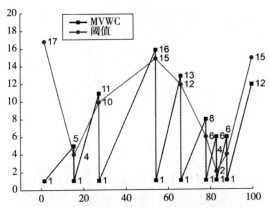

图 5-27　MVWC 和阈值变化趋势_HV 数据集

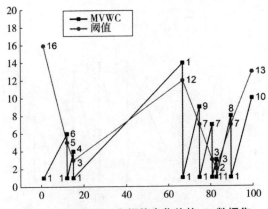

图 5-28　MVWC 和阈值变化趋势_Io 数据集

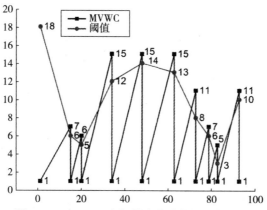

图 5-29　MVWC 和阈值变化趋势_OL 数据集

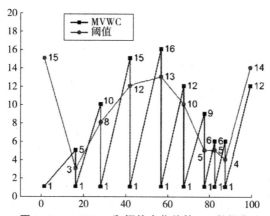

图 5-30　MVWC 和阈值变化趋势_Pa 数据集

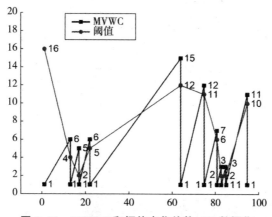

图 5-31　MVWC 和阈值变化趋势_SH 数据集

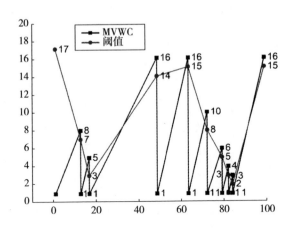

图 5-32　MVWC 和阈值变化趋势_So 数据集

三、候选特征子集多样性表现

在过滤算法提供候选特征子集时，由于 r_1 和 r_2 对相关性和冗余性赋予不同的权重，过滤算法提供了多样性的候选特征子集。在执行每个数据集时，把 r_1 和 r_2 值随迭代次数的变化情况统计出来，绘制出一些图，每个数据集对应一张图。

图 5-33 至图 5-42 显示出 r_1 和 r_2 的值在 10 个数据集上的变化情况。X 轴表示迭代次数，Y 轴表示 r_1 和 r_2 的值。从公式（5-10）可以看出，r_1 表示最大皮尔森的权重（Max Pearson，MP），r_2 表示最大相关距离的权重。当 i 非常小时，这意味着所选集合中的特征很少。这时，MP 的比例非常大，起着绝对的作用。随着迭代次数的增加，特征和标签之间的相关权重逐渐减小，特征之间冗余的权重逐渐增加。当迭代次数超过 50 时，突出显示特征之间的冗余性。随着特征数量的增加，冗余的比例逐渐增加，并且相关性的比例减小。在迭代结束时，两者的权重非常小并且基本相同。

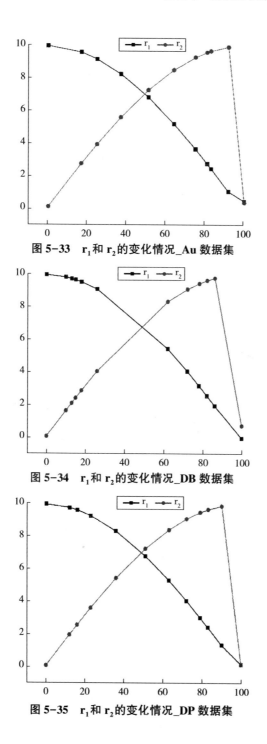

图 5-33　r_1 和 r_2 的变化情况_Au 数据集

图 5-34　r_1 和 r_2 的变化情况_DB 数据集

图 5-35　r_1 和 r_2 的变化情况_DP 数据集

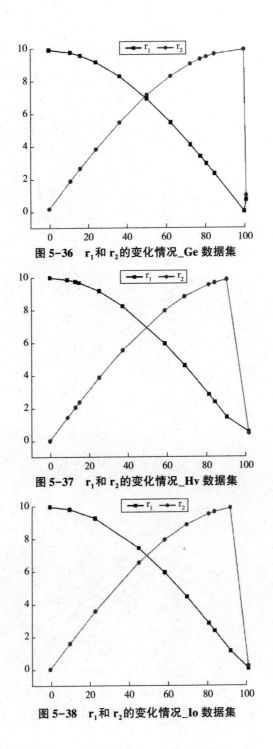

图 5-36 r_1 和 r_2 的变化情况_Ge 数据集

图 5-37 r_1 和 r_2 的变化情况_Hv 数据集

图 5-38 r_1 和 r_2 的变化情况_Io 数据集

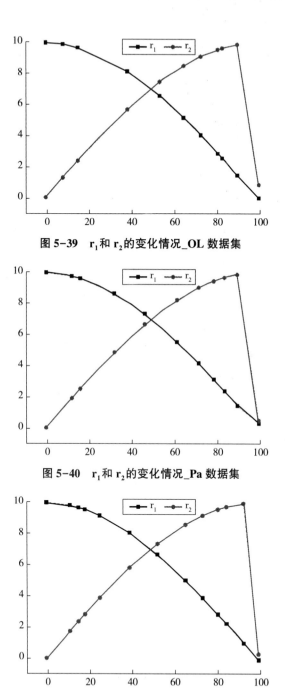

图 5-39　r_1 和 r_2 的变化情况_OL 数据集

图 5-40　r_1 和 r_2 的变化情况_Pa 数据集

图 5-41　r_1 和 r_2 的变化情况_SH 数据集

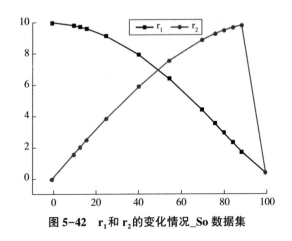

图 5-42　r_1 和 r_2 的变化情况_So 数据集

从图 5-33 至图 5-42 可以看出，实线表示 r_1 的变化情况，虚线表示 r_2 的变化情况。实线的变化趋势是从大逐渐变小，随着迭代次数的增加而减少。在第 1 次迭代时从 10 开始，第 100 次迭代时逐渐减小到 0 附近。虚线的变化趋势与实线相反，从最小值 0 逐渐增加到 10。而且虚线和实线有一个交点。从公式（5-11）和公式（5-12）可以看出，如果两个公式相等并且值都为正数，则在一个周期内 $\frac{t}{T} \times 1.57$ 的值为 $\frac{1}{2} \times 1.57$，进而得到 t 是 T 的一半。由于 T 的值是 100，所以 t 的值是 50。在图 5-33 至图 5-42 中每个图中交点对应的 X 轴的值都是 50。

图 5-33 至图 5-42 中每条线上点的位置和个数是不同的，但是每张图中实线和虚线上点的个数是一致的，而且两条线上相同序号的点对应 X 轴的值是一致。这说明 r_1 和 r_2 是同时执行的，并且 r_1 和 r_2 的点的数量表示过滤算法在一次执行中被调用的次数。

在过滤算法执行时，根据 r_1 和 r_2 的变化情况提供了不同的特征序列。把数据集一次执行时所有过滤算法提供的特征序列作为研究内容。根据统计学原理，把所有序列中相同位置出现的不同特征编号的个数统计出来，每个数据集绘制成一张图。

图 5-43 至图 5-52 分别显示 10 个数据集在不同位置特征数量变化情况。特征数量最多的是 HV 数据集，它有 100 个特征。最少的数据集是 Pa 数据集，它有 22 个特征。其他数据的特征数量如表 5-4 所示。

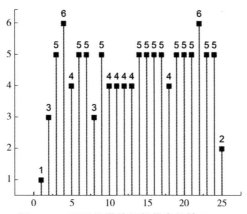

图 5-43　不同位置特征数量变化情况_Au

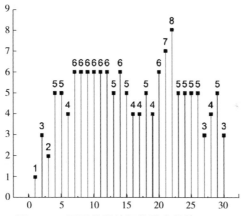

图 5-44　不同位置特征数量变化情况_BD

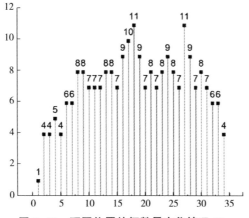

图 5-45　不同位置特征数量变化情况_Bp

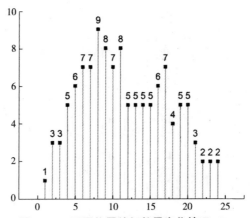

图 5-46　不同位置特征数量变化情况_Ge

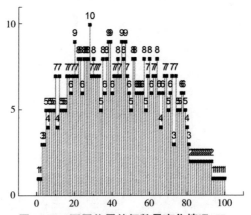

图 5-47　不同位置特征数量变化情况_Hv

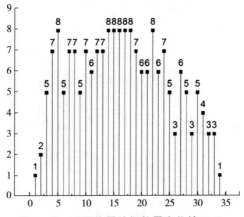

图 5-48　不同位置特征数量变化情况_Io

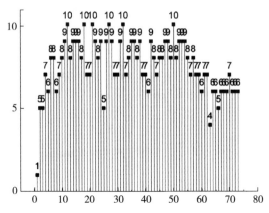

图 5-49　不同位置特征数量变化情况_OL

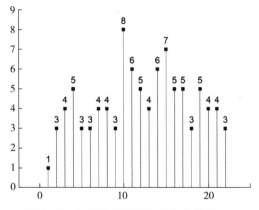

图 5-50　不同位置特征数量变化情况_Pa

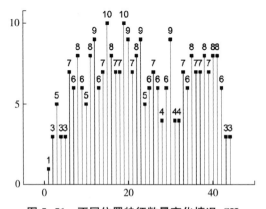

图 5-51　不同位置特征数量变化情况_SH

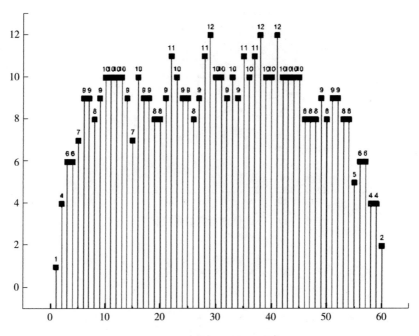

图 5-52　不同位置特征数量变化情况_So

　　每个数据集被执行的过程中，调用过滤算法的次数是不同的。从图 5-12 中可以看出，过滤算法被调用最少 6 次，最多 12 次，这个被调用的次数用 calltimes 表示。每个数据集中特征序号位置上的特征数量都等于 calltimes。但是，每个位置上不同特征的数量是不完全一致的。它的最大值是 calltimes，表示这个位置在多次调用过滤算法时，每次特征的编号都是不同的。它的最小值是 1，表示这个位置在多次调用过滤算法时，每次特征的编号都是相同的。它的值在 1 和 calltimes 之间都是正常的。

　　从图 5-43 至图 5-52 可以看出，Au 数据集在执行过程中，调用过滤算法的次数是 6 次，是最少的；So 数据集在执行过程中，调用过滤算法的次数是 12 次，是最多的。而且每个数据集显示的最值个数和位置都是不同的。最值个数最多的是 7 个，出现在 Io 数据集。最值的位置都不出现在两端，都在中间位置出现。10 个数据集对应 10 张图，不能逐个说明，下面以 SH 数据集为例展开描述。

　　以 SH 数据集为例的图是图 5-51。数据集有 44 个特征，过滤算法共被调用了 10 次。从图中可以看出，第一个位置的特征只有 1 个，说明在过滤算法被调用的 10 次中，第一个位置的特征编号始终都是相同的。尽管 r_1 和 r_2 对比重进行了调整，但是这个特征始终是排在第一个位置的。说明这个特征很重要，最终进入了特征子集。有 9 个位置的特征变化个数少于一半（5），其他位置的特征变化都比较大。大部分位置的特征变化频率超过了 50%，最高达到 100%。因此过滤算法提供的 10 个候选特征子集中，特征的排序变化是比较大的，达到了提供多样性候选特征子集的效果。

四、计算复杂度与统计检验

计算复杂度是算法执行效率的重要衡量标准。在表 5-7 中显示了本章中提到的三种包裹算法和两种混合算法的计算复杂度。

表 5-7　五个算法的计算复杂度

序号	算法	计算复杂度
1	GA	T×（m×n+m×S）
2	BBA	T×（m×n+m×S）
3	PSO	T×（m×n+m×S）
4	MPMDMVO	T×（O（n^2）+m×n+m×S）
5	MPMDIWOA	T×（O（n^2）+m×n+m×S）

在表 5-7 中，T 表示最大迭代次数，m 表示总体数，n 表示数据集中的特征数，S 表示执行 SVM 分类器所花费的时间。在该表中，m×n 表示算法位置更新的计算复杂度，m×S 表示一次迭代中 SVM 分类器的计算复杂度，并且 O（n^2）表示过滤算法的计算复杂度。

在表 5-7 中，前三个算法是包裹式方法，后两个是混合式方法。混合算法比包裹算法多执行过滤算法。因此，混合算法的计算复杂度高于包裹算法的计算复杂度。在混合算法中，MPMDMVO 和 MPMDIWOA 的计算复杂度是相同的。

Wilcoxon 符号秩检验由 Frank Wilcoxon（1973）提出，作为非参数统计假设检验（Conover）。该策略适用于对比两个相关样本。我们可以根据此测试确定相应的数据分布是否相同。在本书中，Wilcoxon 符号秩检验由 SPSS 软件执行。表 5-8 和表 5-9 中的数据信息是应用 SPSS 软件的结果。

表 5-8　四对算法在 HV 数据集上基于 Wilcoxon 符号秩检验比较

算法 1	MA	MA	MA	MA
算法 2	GA	BBA	PSO	MM
Z	−2.803	−2.846	−2.803	−2.091
P	0.005	0.004	0.005	0.037

注：MA：MPMDIWOA。MM：MPMDMVO。

表 5-9　五个算法在 HV 数据集上的统计描述

算法	描述统计			
	数量	平均值	标准差	最小值	最大值
GA	10	51.98	8.70	36.07	63.93
BBA	10	53.99	7.77	34.43	63.33
PSO	10	72.45	8.44	56.67	91.67
MPMDMVO	10	78.04	7.58	65.57	90.16
MPMDIWOA	10	83.47	7.23	75.41	98.36

在表 5-8 中，对 HV 数据集进行了四对 Wilcoxon 符号秩检验。从显著水平小于等于 0.05 可以看出，表 5-8 中 MPMDIWOA 的性能优于其他四种算法。换句话说，每次的分类准确率都得到提高。表 5-9 中展示了五种算法的描述性统计。均值测量数据集的集中趋势。标准偏差是用于量化一组数据值的变化或分散程度的度量。从表 5-9 中可以看出，MPMDIWOA 的平均值高于其他四种算法。实验结果表明 MPMDIWOA 的中心趋势是最好的。因此，我们可以得出结论，所提出的方法非常有效。

本章小结

在特征选择中，为防止过滤算法提供的候选特征子集的单一性使算法陷入局部最优，本章提出了一个名叫 MPMDIWOA 的混合特征选择算法。算法主要由

MPMD 和 IWOA 组成，MVWC 和阈值的变化调节两者的执行次数，且已实现算法跳出局部最优和平衡勘探和探索的效果。与其他混合算法相比，此算法提供了更多的候选子集，同时避免了过滤算法的频繁调用。从实验结果看，在大部分数据集上，分类准确率高于其他算法至少 1%；在其他数据集上，特征子集的长度要比其他算法有大于 1 的优势。

第六章

总结与展望

第一节　本书总结

　　本书以包裹式特征选择方法和过滤式特征选择方法为基础，以混合式特征选择方法为研究内容，围绕候选特征子集的产生和最优特征子集的挑选展开研究工作。分析和总结包裹式和过滤式两种特征选择方法的优缺点，为满足更高要求的分类准确率，发挥两者的优势，以混合式特征选择方法为当前特征选择方法研究的主要内容。据此把特征选择方法分成包裹式、过滤式和混合式三种。为解决混合式特征选择方法应用过程中出现的四种问题，有针对地提出嵌入式、并列式和阈值调节的并列式混合特征选择方法的三个具体实现的新算法——MSMCCS 算法、KMR²IGWO 算法、MPMDIWOA 算法。

　　针对过滤掉的特征无法进入最优特征子集的问题，本书提出了最大斯皮尔曼最小协方差布谷鸟算法。通常，过滤式方法挑选出来的候选特征子集作为包裹式方法的输入数据集，包裹式方法在候选特征子集组成的数据集上进行搜索，获得的最优特征子集是候选特征子集的一部分。过滤式方法没有选择的特征是不能进入候选特征子集的，进而不能进入最优的特征子集。然而候选特征子集是过滤算法按照某种规则选出的，对分类起重要作用的特征可能被过滤算法淘汰掉。因此，本书在结合 MSMC 算法和莱维飞行策略挑选的候选特征子集的基础上，通过交叉变异思想，根据整体概率和发现概率的关系，把候选特征子集中的某些特征移除或者把候选特征子集之外的某些特征移入，实现了候选特征子集的调整，最终选出具有最优分类准确率的特征子集。通过与其他著名的包裹、过滤、混合算法的实验比较，得出 MSMCCS 算法具有较高的性能。

针对微阵列数据集的高维问题，本书提出了 K 值最大相关最小相冗改进的灰狼优化算法。由于微阵列数据集的维度很大，包裹式特征选择方法不适合直接使用。过滤式方法和包裹式方法结合使用的两阶段式混合特征选择方法没有体现特征子集的多样性，而且它的初始化方法具有单一性。因此，本书提出 K 值最大相关最小相冗过滤算法，在多次执行时为包裹算法提供多个候选特征子集。包裹算法在用两种方法初始化候选特征子集组成的数据集后，改进了灰狼算法的位置更新策略，以推理演绎的适应度函数值为搜索目标，搜索到了具有最优分类准确率的特征子集。与其他的特征选择算法相比，KMR^{2}IGWO 算法降维效果明显，数据集中特征的数量降到原来的 0.4%~0.04%。

针对两阶段混合式特征选择方法执行时过滤式方法提供给包裹式方法候选特征子集单一性的问题，本书提出最大皮尔森最大距离改进的鲸鱼优化算法。通常，两阶段的混合式特征选择方法中过滤式方法为包裹式方法提供的候选特征子集只有一个，KMR^{2}IGWO 算法是通过多次执行达到了多样性，不是在一次执行时提供的多样性候选特征子集。因此，本书提出最大皮尔森最大距离改进的鲸鱼优化算法。包裹算法仍然是在过滤算法提供的候选特征子集的基础上执行的，但是过滤算法提供候选特征子集的次数是由提出的两个概念（最大值无变化次数和阈值）的关系来决定的。在包裹算法中，提出投票法使 WOA 算法跳出了局部最优，提出备二弃一法实现 WOA 算法数据集的初始化。通过与其他包裹式算法和混合式算法的实验比较，体现出 MPMDIWOA 算法具有较高的性能。

总之，本书在混合式特征选择方法中候选特征子集和最优特征子集的选择方法方面进行了较为深入的研究，并获得了相应的研究成果。

第二节　研究展望

特征选择方法在科学研究中有着重要的作用，也是科研人员广泛关注的主要内容之一。因此，特征选择方法在文本领域、图像领域、空间信息领域等具有广泛的应用性。本书在混合特征选择方法方面做了一些研究工作。但是，特征选择方法还有一些内容值得研究，具体内容如下：

第一，探索新的过滤式特征选择方法。已知的过滤式特征选择方法是以某种规则对数据集中的特征进行排序，可以分成单变量和多变量两种方式。现有的规则包括信息增益、互信息、各种距离等。需要探索新的规则来衡量特征与标签之间的关系或特征与特征之间的关系。

第二，特征选择方法效率的提高。包裹式特征选择方法的效率不高，过滤式特征选择方法的效率很高，混合式特征选择方法的效率高于两者之一。在混合式方法中，既要提高候选特征子集的多样性，还要提高整体的效率，满足各种数据的特征选择需要，从而需要探索新的方法来提高特征选择方法的效率。

第三，探索新的特征选择方法。本书提到的特征选择方法有三种，分别具有各自的特点。随着人工智能技术的飞速发展，需要处理的数据与日俱增。在大数据的环境下需要探索新的特征选择方法，为将来的数据分析奠定研究基础。

参考文献

［1］Ahmad A. O., Tajudin K. A., Al B. M. A., et al. Gene Selection for Cancer Classification by Combining Minimum Redundancy Maximum Relevancy and Bat-Inspired Algorithm ［J］. International Journal of Data Mining and Bioinformatics, 2017, 19 (1): 32-51.

［2］Akadi A. E., Amine A., Ouardighi A. E., et al. A Two-Stage Gene Selection Scheme Utilizing MRMR Filter and GA Wrapper ［J］. Knowledge & Information Systems, 2011, 26 (3): 487-500.

［3］Alickovic E., Subasi A. Breast Cancer Diagnosis Using GA Feature Selection and Rotation Forest ［J］. Neural Computing and Applications, 2017, 28 (4): 753-763.

［4］Armanfard N., Reilly J. P., Komeili M. Local Feature Selection for Data Classification ［J］. IEEE Transactions on Pattern Analysis and Machine Intelligence, 2016, 38 (6): 1217-1227.

［5］Banka H., Dara S., Banka H., et al. A Hamming Distance Based Binary Particle Swarm Optimization (HDBPSO) Algorithm for High Dimensional Feature Selection, Classification and Validation ［J］. Pattern Recognition Letters, 2015, 52 (1): 94-100.

［6］Belhumeur P. N., João P. Hespanha, Kriegman D. J. Eigenfaces vs. Fisherfaces: Recognition Using Class Specific Linear Projection ［J］. IEEE Transactions on Pattern Analysis and Machine Intelligence, 1997, 19 (7): 711-720.

［7］Belkin M., Niyogi P. Laplacian Eigenmaps for Dimensionality Reduction and Data Representation ［J］. Neural Computation, 2003, 15 (6): 1373-1396.

［8］Bermejo P., José Gámez A., Puerta J. M. A GRASP Algorithm for Fast Hybrid (Filter-Wrapper) Feature Subset Selection in High-Dimensional Datasets ［J］. Pattern Recognition Letters, 2011, 32 (5): 701-711.

［9］Berrendero J. R., Cuevas A., Torrecilla J. L. Variable Selection in Functional

Data Classification: A Maxima－Hunting Proposal [J]. Statistica Sinica, 2016, 26 (2): 619-638.

[10] Bolon-Canedo V., Sanchez-Marono N., Alonso-Betanzos A. Recent Advances and Emerging Challenges of Feature Selection in the Context of Big Data [J]. Knowledge-Based Systems, 2015, 86 (9): 33-45.

[11] Braga-Neto U. M., Dougherty E. R. Is Cross-Validation Valid for Small-Sample Microarray Classification [J]. Bioinformatics, 2004, 20 (3): 374-380.

[12] Breiman L. Random Forests [J]. Machine Learning, 2001, 45 (1): 157-176.

[13] Cha G. H., Zhu X., Petkovic P., et al. An Efficient Indexing Method for Nearest Neighbor Searches in High-Dimensional Image Databases [J]. IEEE Transactions on Multimedia, 2002, 4 (1): 76-87.

[14] Chen G., Chen J. A Novel Wrapper Method for Feature Selection and Its Applications [J]. Neurocomputing, 2015, 159 (7): 219-226.

[15] Chen Y. P., Li Y., Wang G., et al. A Novel Bacterial Foraging Optimization Algorithm for Feature Selection [J]. Expert Systems with Applications, 2017, 83 (10): 1-17.

[16] Chernbumroong S., Cang S., Yu H. Maximum Relevancy Maximum Complementary Feature Selection for Multi-Sensor Activity Recognition [J]. Expert Systems with Applications, 2015, 42 (1): 573-583.

[17] Clarc M. The Particle Swarm-Explosion, Stability, and Convergence in a Multidimensional Complex Space [J]. IEEE Transactions on Evolutionary Computation, 2002, 6 (1): 58-73.

[18] Conover W. J. On Methods of Handling Ties in the Wilcoxon Signed-Rank Test [J]. Journal of the American Statistical Association, 1973, 344 (68): 985-988.

[19] Dai J., Xu Q. Attribute Selection Based on Information Gain Ratio in Fuzzy Rough Set Theory with Application to Tumor Classification [J]. Applied Soft Computing Journal, 2013, 13 (1): 211-221.

[20] Diao R., Shen Q. Nature Inspired Feature Selection Meta-Heuristics [J]. Artificial Intelligence Review, 2015, 44 (3): 311-340.

[21] Elyasigomari V., Lee D. A., Screen H. R. C., et al. Development of a Two-Stage Gene Selection Method that Incorporates a Novel Hybrid Approach Using the

Cuckoo Optimization Algorithm and Harmony Search for Cancer Classification [J]. Journal of Biomedical Informatics, 2017, 67 (3): 11-20.

[22] Emary E., Zawbaa H. M., Hassanien A. E. Binary Gray Wolf Optimization Approaches for Feature Selection [J]. Neurocomputing, 2016, 172 (1): 371-381.

[23] Freeman C., Dana Kulić, Basir O. An Evaluation of Classifier-Specific Filter Measure Performance for Feature Selection [J]. Pattern Recognition, 2015, 48 (5): 1812-1826.

[24] García Vicente, Salvador Sánchez J. Mapping Microarray Gene Expression Data Into Dissimilarity Spaces for Tumor Classification [J]. Information Sciences, 2015, 294 (10): 362-375.

[25] Ghamisi P., Benediktsson J. A. Feature Selection Based on Hybridization of Genetic Algorithm and Particle Swarm Optimization [J]. IEEE Geoscience and Remote Sensing Letters, 2015, 12 (2): 309-313.

[26] Hala A., Ghada B., Yousef A. mRMR-ABC: A Hybrid Gene Selection Algorithm for Cancer Classification Using Microarray Gene Expression Profiling [J]. Biomed Research International, 2015 (4): 1-15.

[27] He J. Model Forecasting Based on Two-Stage Feature Selection Procedure Using Orthogonal Greedy Algorithm [J]. Applied Soft Computing, 2018, 63 (2): 110-123.

[28] He X., Yan S., Hu Y., et al. Face Recognition Using Laplacianfaces [J]. IEEE Transactions on Pattern Analysis & Machine Intelligence, 2005, 27 (3): 328-340.

[29] Hsu C. W., Lin C. J. A Comparison of Methods for Multiclass Support Vector Machines [J]. IEEE Transactions on Neural Networks, 2002, 13 (2): 415-425.

[30] Hsu H. H., Hsieh C. W., Lu M. D. Hybrid Feature Selection by Combining Filters and Wrappers [J]. Expert Systems with Applications, 2011, 38 (7): 8144-8150.

[31] Huang C. L., Wang C. J. A GA-Based Feature Selection and Parameters Optimizationfor Support Vector Machines [J]. Expert Systems with Applications, 2006, 31 (2): 231-240.

[32] Huang H., Xie H. B., Guo J. Y., et al. Ant Colony Optimization-Based

Feature Selection Method for Surface Electromyography Signals Classification [J]. Computers in Biology & Medicine, 2012, 42 (1): 30-38.

[33] Huang J., Gao L., Li X. An Effective Teaching-Learning-Based Cuckoo Search Algorithm for Parameter Optimization Problems in Structure Designing and Machining Processes [J]. Applied Soft Computing, 2015, 36 (11): 349-356.

[34] Huda Shamsul, Abawajy Jemal, Alazab Mamoun. Hybrids of Support Vector Machine Wrapper and Filter Based Framework for Malware Detection [J]. Future Generation Computer Systems-The International Journal of Escience, 2016, 55 (2): 376-390.

[35] Hu Z., Bao Y., Xiong T., et al. Hybrid Filter-Wrapper Feature Selection for Short-Term Load Forecasting [J]. Engineering Applications of Artificial Intelligence, 2015, 40 (4): 17-27.

[36] Irene Rodriguez-Lujan, Huerta R., Elkan C., et al. Quadratic Programming Feature Selection [J]. Journal of Machine Learning Research, 2010, 11 (2): 1491-1516.

[37] Jadhav S., He H., Jenkins K. Information Gain Directed Genetic Algorithm Wrapper Feature Selection for Credit Rating [J]. Applied Soft Computing, 2018, 69 (8): 541-553.

[38] Jain Indu, Jain Vinod Kumar, Jain Renu. Correlation Feature Selection Based Improved-Binary Particle Swarm Optimization for Gene Selection and Cancer Classification [J]. Applied Soft Computing, 2018, 62 (1): 203-215.

[39] Javidi M. M., Kermani F. Z. Utilizing the Advantages of Both Global and Local Search Strategies for Finding a Small Subset of Features in a Two-Stage Method [J]. Applied Intelligence, 2018 (48): 3502-3522.

[40] Kabir M. M., Shahjahan M., Murase K. A New Hybrid Ant Colony Optimization Algorithm for Feature Selection [J]. Expert Systems with Applications, 2012, 39 (3): 3747-3763.

[41] Kane M. D., Jatkoe T. A., Stumpf C. R., et al. Assessment of the Sensitivity and Specificity of Oligonucleotide (50mer) Microarrays [J]. Nucleic Acids Research, 2000, 28 (22): 4552-4557.

[42] Katrutsa A. M., Strijov V. V. Stress Test Procedure for Feature Selection Algorithms [J]. Chemometrics and Intelligent Laboratory Systems, 2015, 142 (3): 172-

183.

[43] Kaur T., Saini B. S., Gupta S. A Novel Feature Selection Method for Brain Tumor MR Image Classification Based on the Fisher Criterion and Parameter-Free Bat Optimization [J]. Neural Computing & Applications, 2018, 29 (8): 193-206.

[44] Kennedy J., Eberhart R. Particle Swarm Optimization [J] // Proceedings of the IEEE International Conference on Neural Networks IV [C]. Washington, USA: IEEE, 1995: 1942-1948.

[45] Kirkpatrick S., Gelatt C. D., Vecchi M. P. Optimization by Simulated Annealing [J]. Science, 1983, 220 (4598): 671-680.

[46] Kohavi R., John G. H. Wrappers for Feature Subset Selection [J]. Artificial Intelligence, 1997, 97 (1-2): 273-324.

[47] Li B., Zhang P., Tian H., et al. A New Feature Extraction and Selection Scheme for Hybrid Fault Diagnosis of Gearbox [J]. Expert Systems with Applications, 2011, 38 (8): 10000-10009.

[48] Li J., Liu H. Challenges of Feature Selection for Big Data Analytics [J]. IEEE Intelligent Systems, 2017, 32 (2): 9-15.

[49] Lin S. W., Lee Z. J., Chen S. C., et al. Parameter Determination of Support Vector Machine and Feature Selection Using Simulated Annealing Approach [J]. Applied Soft Computing, 2008, 8 (4): 1505-1512.

[50] Li S. Y., Li T. R., Liu D. Incremental Updating Approximations in Dominance-Based Rough Sets Approach under the Variation of the Attribute Set [J]. Knowledge-Based Systems, 2013, 40 (3): 17-26.

[51] Liu X. Y., Liang Y., Wang S., et al. A Hybrid Genetic Algorithm with Wrapper-embedded Approaches for Feature Selection [J]. IEEE Access, 2018, 6 (3): 22863-22874.

[52] Lu H., Chen J., Yan K., et al. A Hybrid Feature Selection Algorithm for Gene Expression Data Classification [J]. Neurocomputing, 2017, 256 (9): 56-62.

[53] Lu H., Plataniotis K. N., Venetsanopoulos A. N. MPCA: Multilinear Principal Component Analysis of Tensor Objects [J]. IEEE Transactions on Neural Networks, 2008, 19 (1): 18-39.

[54] Lu H., Plataniotis K. N., Venetsanopoulos A. N. MPCA: Multilinear Principal Component Analysis of Tensor Objects [J]. IEEE Trans Neural Network, 2008,

19（1）：18-39.

［55］Luo M., Nie F., Chang X., et al. Adaptive Unsupervised Feature Selection with Structure Regularization ［J］. IEEE Transactions on Neural Networks and Learning Systems, 2018, 29（4）：944-956.

［56］Mafarja M. M., Mirjalili S. Hybrid Whale Optimization Algorithm with Simulated Annealing for Feature Selection ［J］. Neurocomputing, 2017, 260（10）：302-312.

［57］Mafarja M. M., Mirjalili S. Whale Optimization Approaches for Wrapper Feature Selection ［J］. Applied Soft Computing, 2018, 62（1）：441-453.

［58］Miguel García Torres, Rubén Armañanzas, Concha Bielza, et al. Comparison of Metaheuristic Strategies for Peakbin Selection in Proteomic Mass Spectrometry Data ［J］. Information Sciences, 2013, 222（3）：229-246.

［59］Mirjalili S., Jangir P., Mirjalili S. Z., et al. Optimization of Problems with Multiple Objectives Using the Multi-Verse Optimization Algorithm ［J］. Knowledge-Based Systems, 2017, 134（10）：50-71.

［60］Mirjalili S., Lewis A. The Whale Optimization Algorithm ［J］. Advances in Engineering Software, 2016, 95（5）：51-67.

［61］Mirjalili S., Mirjalili S. M., Lewis A. Grey Wolf Optimizer ［J］. Advances in Engineering Software, 2014, 69（3）：46-61.

［62］Mirjalili S., Mirjalili S. M., Yang X. S. Binary Bat Algorithm ［J］. Neural Computing and Applications, 2014, 25（3-4）：663-681.

［63］Mirjalili S., Seyed Mohammad Mirjalili, Abdolreza Hatamlou. Multi-Verse Optimizer：A Nature-Inspired Algorithm for Global Optimization ［J］. Neural Computing & Applications, 2016, 27（2）：495-513.

［64］Mirjalili S. The Ant Lion Optimizer ［J］. Advances in Engineering Software, 2015, 83（5）：80-98.

［65］Mistry K., Zhang L., Neoh S. C., et al. A Micro-GA Embedded PSO Feature Selection Approach to Intelligent Facial Emotion Recognition ［J］. IEEE Transactions on Cybernetics, 2016, 47（6）：1-14.

［66］Mohamed N. S., Zainudin S., Othman Z. A. Metaheuristic Approach for an Enhanced mRMR Filter Method for Classification Using Drug Response Microarray Data ［J］. Expert Systems with Applications, 2017, 90（12）：224-231.

［67］Mohanty S., Subudhi B., Ray P. K. A New MPPT Design Using Grey Wolf

Optimization Technique for Photovoltaic System under Partial Shading Conditions [J]. IEEE Transactions on Sustainable Energy, 2016, 7 (1): 181-188.

[68] Mohapatra P., Chakravarty S., Dash P. K. An Improved Cuckoo Search Based Extreme Learning Machine for Medical Data Classification [J]. Swarm and Evolutionary Computation, 2015, 24 (10): 25-49.

[69] Moradi P., Gholampour M. A Hybrid Particle Swarm Optimization for Feature Subset Selection by Integrating a Novel Local Search Strategy [J]. Applied Soft Computing, 2016, 43 (6): 117-130.

[70] Mundra P. A., Rajapakse J. C. SVM-RFE with MRMR Filter for Gene Selection [J]. IEEE Transactions on Nanobioscience, 2010, 9 (1): 31-37.

[71] Ouaarab A., Ahiod B., Yang X. S. Discrete Cuckoo Search Algorithm for the Travelling Salesman Problem [J]. Neural Computing and Applications, 2014, 24 (7-8): 1659-1669.

[72] Passino K. M. Biomimicry of Bacterial Foraging for Distributed Optimization and Control [J]. IEEE Control Systems Magazine, 2002, 22 (3): 52-67.

[73] Peng H., Long F., Ding C. Feature Selection Based on Mutual Information Criteria of Max-Dependency, Max-Relevance, and Min-Redundancy [J]. IEEE Transactions on Pattern Analysis and Machine Intelligence, 2005, 27 (8): 1226-1238.

[74] Rajamohana S. P., Umamaheswari K. Hybrid Approach of Improved Binary Particle Swarm Optimization and Shuffled Frog Leaping for Feature Selection [J]. Computers & Electrical Engineering, 2018, 67 (4): 497-508.

[75] Rodrigues D., Luís A. M. Pereira, Nakamura R. Y. M., et al. A Wrapper Approach for Feature Selection Based on Bat Algorithm and Optimum-Path Forest [J]. Expert Systems with Applications, 2014, 41 (5): 2250-2258.

[76] Rodrigues D., Pereira L. A. M, Almeida T. N. S., et al. BCS: A Binary Cuckoo Search Algorithm for Feature Selection, IEEE International Symposium on Circuits & Systems [C]. Washington, USA: IEEE, 2013: 465-468.

[77] Sahoo A., Chandra S. Multi-Objective Grey Wolf Optimizer for Improved Cervix Lesion Classification [J]. Applied Soft Computing, 2017, 52 (3): 64-80.

[78] Saji Y., Riffi M. E. A Novel Discrete Bat Algorithm for Solving the Travelling Salesman Problem [J]. Neural Computing and Applications, 2016, 27 (7): 1853-

1866.

［79］Sardana M., Agrawal R. K., Kaur B. An Incremental Feature Selection Approach Based on Scatter Matrices for Classification of Cancer Microarray Data ［J］. International Journal of Computer Mathematics, 2015, 92（2）：277-295.

［80］Sebban M., Nock R. A Hybrid Filter/Wrapper Approach of Feature Selection Using Information Theory ［J］. Pattern Recognition, 2002, 35（4）：835-846.

［81］Solorio-Fernandez Saul, Ariel Carrasco-Ochoa J, Fco. Martinez-Trinidad Jose. A New Hybrid Filter-Wrapper Feature Selection Method for Clustering Based on Ranking ［J］. Neurocomputing, 2016, 214（19）：866-880.

［82］Soria D., Garibaldi J. M., Ambrogi F., et al. A "Non-Parametric" Version of the Naive Bayes Classifier ［J］. Knowledge-Based Systems, 2011, 24（6）：775-784.

［83］Suykens J. A. K., Vandewalle J. Least Squares Support Vector Machine Classifiers ［J］. Neural Processing Letters, 1999, 9（3）：293-300.

［84］Tao D., Li X., Wu X., et al. General Tensor Discriminant Analysis and Gabor Features for Gait Recognition ［J］. IEEE Transactions on Pattern Analysis & Machine Intelligence, 2007, 29（10）：1700-1715.

［85］Tao J., Zhou D., Zhu B. Multi-source Adaptation Embedding with Feature Selection by Exploiting Correlation Information ［J］. Knowledge-Based Systems, 2018, 143（3）：208-224.

［86］Tsai C. F., Eberle W., Chu C. Y. Genetic Algorithms in Feature and Instance Selection ［J］. Knowledge-Based Systems, 2013, 39（2）：240-247.

［87］Turhal Ü. C., Duysak A. Cross Grouping Strategy Based 2DPCA Method for Face Recognition ［J］. Applied Soft Computing, 2015, 29（4）：270-279.

［88］Turk M., Pentland A. Eigenfaces for Recognition ［J］. Journal of Cognitive Neuroscience, 1991, 3（1）：71-86.

［89］Unler A., Murat A., Chinnam R. B. MR2PSO：A Maximum Relevance Minimum Redundancy Feature Selection Method Based on Swarm Intelligence for Support Vector Machine Classification ［J］. Information Sciences, 2011, 181（20）：4625-4641.

［90］Vieira S. M., Mendonca L. F., Farinha G. J., et al. Modified Binary PSO for Feature Selection Using SVM Applied to Mortality Prediction of Septic Patients ［J］. Applied Soft Computing, 2013, 13（8）：3494-3504.

［91］Wang D., Nie F., Huang H. Feature Selection via Global Redundancy Minimization [J]. IEEE Transactions on Knowledge & Data Engineering, 2015, 27 (10): 2743-2755.

[92] Wang G., Haicheng Eric Chu, Yuxuan Zhang, et al. Multiple Parameter Control for Ant Colony Optimization Applied to Feature Selection Problem [J]. Neural Computing and Applications, 2015, 26 (7): 1693-1708.

[93] Wang S. J., Yan W. J., Li X., et al. Micro-Expression Recognition Using Color Spaces [J]. IEEE Transactions on Image Processing, 2015, 24 (12): 6034-6046.

[94] Wang S. J., Zhou C. G., Chang N., et al. Face Recognition Using Second-Order Discriminant Tensor Subspace Analysis [J]. Neurocomputing, 2011, 74 (12): 2142-2156.

[95] Wang Z., Shao Y. H., Wu T. R. A GA-Based Model Selection for Smooth Twin Parametric-Margin Support Vector Machine [J]. Pattern Recognition, 2013, 46 (8): 2267-2277.

[96] Wan Y., Chen X., Zhang J. Global and Intrinsic Geometric Structure Embedding for Unsupervised Feature Selection [J]. Expert Systems with Applications, 2018, 93 (3): 134-142.

[97] Wan Y., Wang M., Ye Z., et al. A Feature Selection Method Based on Modified Binary Coded Ant Colony Optimization Algorithm [J]. Applied Soft Computing, 2016, 49 (12): 248-258.

[98] Wong L. I., M. H. S., Mohd Rusllim M., et al. Grey Wolf Optimizer for Solving Economic Dispatch Problems, IEEE International Conference on Power & Energy [C]. Washington, DC. USA: IEEE, 2014: 150-154.

[99] Xiaoni Wang, Zhenjiang Zhang, Wei Cao. An Improved KNN Algorithm in Text Classification [C]. Paris France International Conference on Information Science and Computer Applications, 2013: 263-268.

[100] Xue X., Yao M., Wu Z. A Novel Ensemble-Based Wrapper Method for Feature Selection Using Extreme Learning Machine and Genetic Algorithm [J]. Knowledge and Information Systems, 2018, 57 (12): 389-412.

[101] Yang Bin, Lu Yuliang, Zhu Kailong. Feature Selection Based on Modified Bat Algorithm [J]. Ieice Transactions on Information and Systems, 2017 (8): 1860-1869.

[102] Yang P., Ho J. W., Yang Y. H., et al. Gene-gene Interaction Filtering with Ensemble of Filters [J]. BMC Bioinformatics, 2011, 12 (S1): 2901-2917.

[103] Yang X. S., Deb S. Cuckoo Search: Recent Advances and Applications [J]. Neural Computing and Applications, 2014, 24 (1): 169-174.

[104] Yang X. S., Deb S. Cuckoo Search via Lévy flights, World Congress on Nature & Biologically Inspired Computing [C]. Washington, USA: IEEE, 2009: 209-214.

[105] Yang X. S., He X. Bat Algorithm: Literature Review and Applications [J]. International Journal of Bio-Inspired Computation, 2013, 5 (3): 141-149.

[106] Zeng H., Cheung Y. Feature Selection and Kernel Learning for Local Learning-Based Clustering [J]. IEEE Transactions on Pattern Analysis & Machine Intelligence, 2011, 33 (8): 1532-1547.

[107] Zhang H. R., Min F. Three-way Recommender Systems Based on Random Forests [J]. Knowledge-Based Systems, 2016, 91 (1): 275-286.

[108] Zhang X., Zhang Q., Chen M., et al. A Two-Stage Feature Selection and Intelligent Fault Diagnosis Method for Rotating Machinery Using Hybrid Filter and Wrapper Method [J]. Neurocomputing, 2018, 275 (1): 2426-2439.

[109] Zhao J., Chen L., Pedrycz W., et al. Variational Inference Based Automatic Relevance Determination Kernel for Embedded Feature Selection of Noisy Industrial Data [J]. IEEE Transactions on Industrial Electronics, 2019, 66 (1): 416-428.

[110] Zhao X., Li D., Yang B., et al. A Two-Stage Feature Selection Method with Its Application [J]. Computers & Electrical Engineering, 2015, 47 (C): 114-125.

[111] Zhou Q., Zhou H., Li T. Cost-Sensitive Feature Selection Using Random Forest: Selecting Low-Cost Subsets of Informative Features [J]. Knowledge-Based Systems, 2016, 95 (3): 1-11.

[112] 陈为, 朱标, 张宏鑫. BN-Mapping: 基于贝叶斯网络的地理空间数据可视分析 [J]. 计算机学报, 2016, 39 (7): 1281-1293.

[113] 崔一辉, 宋伟, 王占兵, 等. 一种基于格的隐私保护聚类数据挖掘方法 [J]. 软件学报, 2017, 28 (9): 2293-2308.

[114] 董红斌, 滕旭阳, 杨雪. 一种基于关联信息熵度量的特征选择方法

[J]. 计算机研究与发展, 2016, 53 (8): 1684-1695.

[115] 工业和信息化部. 关于印发《促进新一代人工智能产业发展三年行动计划 (2018-2020 年)》的通知 [EB/OL]. [2017-12-14]. http: //www. miit. gov. cn/n1146285/n1146352/n3054355/n3057497/n3057498/c5960779/content. html.

[116] 郭兵, 李强, 段旭良, 等. 个人数据银行——一种基于银行架构的个人大数据资产管理与增值服务的新模式 [J]. 计算机学报, 2017, 40 (1): 126-143.

[117] 国务院. 国务院印发《新一代人工智能发展规划》[EB/OL]. [2017-07-20]. http: //www. gov. cn/xinwen/2017-07/20/content_5212064. htm.

[118] 李婕, 白志宏, 于瑞云, 等. 基于 PSO 优化的移动位置隐私保护算法 [J]. 计算机学报, 2018, 41 (5): 71-85.

[119] 刘文扬, 金晶. 大数据在肿瘤预后预测中的应用现状和前景 [J]. 科学通报, 2015, 60 (30): 2836-2844.

[120] 刘艺, 曹建军, 刁兴春, 等. 特征选择稳定性研究综述 [J]. 软件学报, 2018, 29 (9): 2559-2579.

[121] 许行, 张凯, 王文剑. 一种小样本数据的特征选择方法 [J]. 计算机研究与发展, 2018, 55 (10): 2321-2330.

[122] 张俐, 王枞. 基于最大相关最小冗余联合互信息的多标签特征选择算法 [J]. 通信学报, 2018, 39 (5): 111-122.

[123] 张震, 魏鹏, 李玉峰, 等. 改进粒子群联合禁忌搜索的特征选择算法 [J]. 通信学报, 2018, 39 (12): 60-68.

[124] 中华人民共和国国防部. 2018 年政府工作报告全文 [EB/OL]. [2017-03-05]. http: //www. mod. gov. cn/topnews/2018-03/05/content_4805962_4. htm.